표 준 주 기 율 표

Periodic Table of the Elements

표기법:

원자 번호
기호
원소명(국문)
원소명(영문)
일반 원자량
표준 원자량

1	2	3	4	5	6	7	8	9	10	11	12	13	14	15	16	17	18
1 **H** 수소 hydrogen 1.008 [1.0078, 1.0082]																	2 **He** 헬륨 helium 4.0026
3 **Li** 리튬 lithium 6.94 [6.938, 6.997]	4 **Be** 베릴륨 beryllium 9.0122											5 **B** 붕소 boron 10.81 [10.806, 10.821]	6 **C** 탄소 carbon 12.011 [12.009, 12.012]	7 **N** 질소 nitrogen 14.007 [14.006, 14.008]	8 **O** 산소 oxygen 15.999 [15.999, 16.000]	9 **F** 플루오린 fluorine 18.998	10 **Ne** 네온 neon 20.180
11 **Na** 소듐 sodium 22.990	12 **Mg** 마그네슘 magnesium 24.305 [24.304, 24.307]											13 **Al** 알루미늄 aluminium 26.982	14 **Si** 규소 silicon 28.085 [28.084, 28.086]	15 **P** 인 phosphorus 30.974	16 **S** 황 sulfur 32.06 [32.059, 32.076]	17 **Cl** 염소 chlorine 35.45 [35.446, 35.457]	18 **Ar** 아르곤 argon 39.95 [39.792, 39.963]
19 **K** 포타슘 potassium 39.098	20 **Ca** 칼슘 calcium 40.078(4)	21 **Sc** 스칸듐 scandium 44.956	22 **Ti** 타이타늄 titanium 47.867	23 **V** 바나듐 vanadium 50.942	24 **Cr** 크로뮴 chromium 51.996	25 **Mn** 망가니즈 manganese 54.938	26 **Fe** 철 iron 55.845(2)	27 **Co** 코발트 cobalt 58.933	28 **Ni** 니켈 nickel 58.693	29 **Cu** 구리 copper 63.546(3)	30 **Zn** 아연 zinc 65.38(2)	31 **Ga** 갈륨 gallium 69.723	32 **Ge** 저마늄 germanium 72.630(8)	33 **As** 비소 arsenic 74.922	34 **Se** 셀레늄 selenium 78.971(8)	35 **Br** 브로민 bromine 79.904 [79.901, 79.907]	36 **Kr** 크립톤 krypton 83.798(2)
37 **Rb** 루비듐 rubidium 85.468	38 **Sr** 스트론튬 strontium 87.62	39 **Y** 이트륨 yttrium 88.906	40 **Zr** 지르코늄 zirconium 91.224(2)	41 **Nb** 나이오븀 niobium 92.906	42 **Mo** 몰리브데넘 molybdenum 95.95	43 **Tc** 테크네튬 technetium	44 **Ru** 루테늄 ruthenium 101.07(2)	45 **Rh** 로듐 rhodium 102.91	46 **Pd** 팔라듐 palladium 106.42	47 **Ag** 은 silver 107.87	48 **Cd** 카드뮴 cadmium 112.41	49 **In** 인듐 indium 114.82	50 **Sn** 주석 tin 118.71	51 **Sb** 안티모니 antimony 121.76	52 **Te** 텔루륨 tellurium 127.60(3)	53 **I** 아이오딘 iodine 126.90	54 **Xe** 제논 xenon 131.29
55 **Cs** 세슘 caesium 132.91	56 **Ba** 바륨 barium 137.33	57-71 란타넘족 lanthanoids	72 **Hf** 하프늄 hafnium 178.49(2)	73 **Ta** 탄탈럼 tantalum 180.95	74 **W** 텅스텐 tungsten 183.84	75 **Re** 레늄 rhenium 186.21	76 **Os** 오스뮴 osmium 190.23(3)	77 **Ir** 이리듐 iridium 192.22	78 **Pt** 백금 platinum 195.08	79 **Au** 금 gold 196.97	80 **Hg** 수은 mercury 200.59	81 **Tl** 탈륨 thallium 204.38 [204.38, 204.39]	82 **Pb** 납 lead 207.2	83 **Bi** 비스무트 bismuth 208.98	84 **Po** 폴로늄 polonium	85 **At** 아스타틴 astatine	86 **Rn** 라돈 radon
87 **Fr** 프랑슘 francium	88 **Ra** 라듐 radium	89-103 악티늄족 actinoids	104 **Rf** 러더포듐 rutherfordium	105 **Db** 두브늄 dubnium	106 **Sg** 시보귬 seaborgium	107 **Bh** 보륨 bohrium	108 **Hs** 하슘 hassium	109 **Mt** 마이트너륨 meitnerium	110 **Ds** 다름슈타튬 darmstadtium	111 **Rg** 뢴트게늄 roentgenium	112 **Cn** 코페르니슘 copernicium	113 **Nh** 니호늄 nihonium	114 **Fl** 플레로븀 flerovium	115 **Mc** 모스코븀 moscovium	116 **Lv** 리버모륨 livermorium	117 **Ts** 테네신 tennessine	118 **Og** 오가네손 oganesson

57 **La** 란타넘 lanthanum 138.91	58 **Ce** 세륨 cerium 140.12	59 **Pr** 프라세오디뮴 praseodymium 140.91	60 **Nd** 네오디뮴 neodymium 144.24	61 **Pm** 프로메튬 promethium	62 **Sm** 사마륨 samarium 150.36(2)	63 **Eu** 유로퓸 europium 151.96	64 **Gd** 가돌리늄 gadolinium 157.25(3)	65 **Tb** 터븀 terbium 158.93	66 **Dy** 디스프로슘 dysprosium 162.50	67 **Ho** 홀뮴 holmium 164.93	68 **Er** 어븀 erbium 167.26	69 **Tm** 툴륨 thulium 168.93	70 **Yb** 이터븀 ytterbium 173.05	71 **Lu** 루테튬 lutetium 174.97
89 **Ac** 악티늄 actinium	90 **Th** 토륨 thorium 232.04	91 **Pa** 프로트악티늄 protactinium 231.04	92 **U** 우라늄 uranium 238.03	93 **Np** 넵투늄 neptunium	94 **Pu** 플루토늄 plutonium	95 **Am** 아메리슘 americium	96 **Cm** 퀴륨 curium	97 **Bk** 버클륨 berkelium	98 **Cf** 캘리포늄 californium	99 **Es** 아인슈타이늄 einsteinium	100 **Fm** 페르뮴 fermium	101 **Md** 멘델레븀 mendelevium	102 **No** 노벨륨 nobelium	103 **Lr** 로렌슘 lawrencium

참조) 표준 원자량은 2011년 IUPAC에서 결정한 새로운 형식을 따른 것으로 [ ] 안에 표시된 숫자는 2 종류 이상의 안정한 동위원소가 존재하는 경우에 지각 시료에서 발견되는 자연 존재비의 분포를 고려한 표준 원자량의 범위를 나타낸 것임. 자세한 내용은 *https://iupac.org/what-we-do/periodic-table-of-elements/*을 참조하기 바람.

STUDENT
Problem Solution Manual (1st)

대학화학
문제풀이집

임수아 지음

STUDENT Problem Solution Manual (1st)

머리말

화학(chemistry)이란 우주에 존재하는 물질과 그 변화에 대해서 다루는 과학이며, 물질의 기본 원리를 연구하는 학문이다. 화학에 대한 지식은 모든 사람에게 유용하다. 화학에 관련된 일들은 우리 주변에서 항상 일어나고 있으며, 화학은 우리 삶을 안전하고 쉽게 만들어 줄 새로운 물질을 만들어내는 노력의 바탕을 이루고 있으며, 여러 면에서 우리 삶을 윤택하게 하고, 삶에 많은 영향을 받을 것이다.

화학 문제를 풀면서 주어진 정보를 가려내고 정말 중요한 것이 무엇인지 결정해야 한다. 화학적인 문제를 해결함에 있어 시행착오는 중요한 역할을 한다. 자신감을 갖는 유일한 방법은 문제 푸는 연습을 하는 것이다. 여러분을 돕기 위해 이 책에는 많은 문제들의 풀이 과정을 자세하게 풀이되어 있다. 꾸준히 주의 깊게 문제를 풀어 보고 각 단계를 확실하게 이해하는 것이 중요하다. 또한 문제를 풀어 보고 자신의 실력을 점검하기 바라며, 연습 문제로 자신의 학습을 점검할 수 있기를 바란다. 이 책의 문제를 풀어 봄으로 문제를 해결하는 태도를 긍정적이고 적극적으로 만들어주고, 자신감을 갖도록 도와줄 것이다.

과감하게 분량을 줄였다는 점에서 다른 두꺼운 책과의 차별성이 있음은 물론, 개념과 원리에 대한 풀이 과정을 간결하면서도 명료하게 전개하였다. 미지막으로 이 책을 낼 수 있게 도와준 가족과 사이플러스 출판사에 감사 드린다.

2022년 8월 1일

임수아 적음

차례

제 1 장 물질, 원자와 측정

1. 물질의 세 가지 상태 중 (a)은 압축 가능하고 (b)과 (c)은 압축할 수 없다.

풀이) a. 기체 b. 액체 c. 고체

2. 일부 원소들은 분리 상태로 존재하는데, 대부분 원소들은 다른 원소와 결합한( )상태로 발견된다.

풀이) 화합물

3. 3가지 물질 상태의 각 분자들이 움직임을 비교해 보라.

풀이)

고체: 기본적으로 서로에 대해 제자리에 고정되어 있고, 제자리에서만 진동할 수 있다.

액체: 입자는 여전히 서로 가까이 있지만 서로에 대해 3차원으로 이동할 수 있다.

기체: 입자는 서로 가까이 있지 않고 서로 독립적으로 자유롭게 움직인다.

4. 같은 양의 고체인 얼음, 액체인 물, 수증기 부피를 서로 비교하라.

풀이) 기체 상태 수증기는 고체 또는 액체 상태인 물보다 부피가 훨씬 크다. 같은 질량의 수증기에는 고체 및 액체 (같은 수의 물 분자)와 동일한 양의 물이 포함되어 있지만 기체에는 많은 빈 공간이 있다. 고체부피< 액체부피<<기체부피

5. 무겁고 진한 빨간색의 자극성 냄새를 가진 액체 브롬의 이러한 성질들은 물리적 성질인가, 화학적 성질인가?

풀이) 무겁다(밀도비교), 진한 빨간색(색상 비교)등은 물리적 속성이다. 자극성(냄새 비교)은 종종 물리적 특성으로도 설명되지만 냄새는 증기 분자와 코의 수용체 사이의 화학적 상호작용으로 인해 발생하기 때문에 화학적 특성으로 분류하기도 한다.

6. 다음 용어를 정의하시오.

a. 물질 b. 질량 c. 무게 d. 순물질

e. 혼합물 f. 원소 g. 화합물 h. 밀도

풀이)

a. 물질은 공간을 차지하고 질량을 가진 모든 것

b. 질량은 물체에 있는 물질의 양을 측정한 것.

c. 무게는 중력이 물체에 가하는 힘.

d. 물질은 명확하거나 일정한 구성과 뚜렷한 특성을 가진 것.

e. 혼합물은 물질이 고유한 정체성을 유지하는 둘 이상의 물질의 조합.

f. 원소는 화학적 방법으로 단순 물질로 분리할 수 없는 물질입니다.

g. 화합물은 고정된 비율로 화학적으로 결합된 둘 이상의 원소의 원자로 구성된 물질입니다.

h. 어떤 물질의 단위 부피만큼의 질량.

7. 다음 각각은 물리적 변화를 기술하는 것인가, 화학적 변화를 기술하는 것인가?

a. 풍선 속의 헬륨(He) 기체는 몇 시 간 후에는 바깥으로 새어 나오는 경향이 있다.
b. 번개의 빛은 점차 어두워져 사라진다.
c. 얼린 오렌지 주스에 물 을 첨가하면 재구성된다.
d. 식물의 성장은 광합성이란 과정으로 태양 에너지에 의존한다.
e. 한 숟가락의 소금 이 한 그릇의 수프에 녹는다.

풀이)

a. 물리적 변화.

b. 화학적 변화

c. 물리적 변화

d. 화학적 변화

e. 물리적 변화

8. 다음 중 물리적 변화를 있는 대로 골라라.

a. 황산 구리 수용액 증발

b. 눈사람 녹음

c. 드라이 아이스가 승화

d. 오븐에서 과자가 익음

e. 수산화 소듐의 오븐 세척

f. 냄비에 녹슮.

g. 구은 토스트의 갈색 변색

h. 구리 금속의 녹청

i. 불판 위 고기가 타는 현상

j. 염산의 자극적 냄새.

k. 황산에 의한 실험복 손상.　　　　　l. 고무 밴드 늘어남.

풀이) a, b, c, l

9. 다음 중 화합물인 것은?

HCl, S8, Na, He, F_2

풀이) HCl 은 수소와 염소로 분해될 수 있으므로 화합물이다.

10. 다음 각 물질을 원소 또는 화합물로 구분하시오.

a. 수소　b. 물　c. 금　d. 설탕

e. 염화 소듐(식염)　f. 헬륨　g. 알코올　h. 백금

풀이)

a. 원소　b. 화합물　c. 원소　d. 화합물

e. 화합물　f. 원소　g. 화합물　h. 원소

11. 불균일 혼합물과 균일 혼합물을 구별하라.

a. 공기　　b. 흙탕물

c. 초코 칩 과자　　d. 설탕물

e. 마요네즈　　f. 샐러드 드레싱

g. 책상 나무　　h. 모래

i. 콘크리트　　j. 황산 구리 용액

풀이)

불균일 혼합물: b, c, f, g, h, i

균일 혼합물: a, d, e, j

12. 다음의 각각을 원소, 화합물 또는 혼합물로 분류하라.

a. 금　　b. 물

c. 식용 소금　　d. 향신료를 넣은 사과 사이다

e. 눈물　　f. 철광석

g. 양송이 수프　　h. 황산 구리

풀이)

a. 금 : 화합물　　b. 물 : 화합물

c. 우유: 혼합물 d. 향신료 섞은 콜라: 혼합물
e. 눈물: 혼합물 f. 철광석: 혼합물

g. 양송이 수프: 혼합물 h. 황산 구리: 화합물

13. 증류(distillation) 과정과 여과(filtration) 과정을 비교 설명 하라.

풀이)

증류: 끓는점의 차이를 이용하여 액체 상태의 혼합물을 분리하는 방법이다. 두 혼합물의 화학 반응 없이 물리적인 분리가 이루어진다.

여과: 소금(염화나트륨)과 모래의 혼합물에서 소금은 물에 잘 녹고 모래는 녹지 않으므로,. 혼합물을 물에 첨가하고 소금을 용해시킨 다음 여과하면, 소금 용액은 여과지를 통과하고, 여과지에는 모래가 남는다. 그런 다음 물은 소금에서 증발시키면 두 물질이 분리된다.

14. 혼합물을 분리하기 위한 재결정에 대해 설명해보라

풀이) 재결정하려는 물질을 적절한 용매를 선택하여 용해한 다음에 용액을 가열하여 포화 상태를 만들고, 만들어진 그 포화용액을 냉각을 시키면 물질의 용해도가 떨어지면서 용액 안에 순도 높은 순수한 물질 결정이 만들어진다. 이렇게 얻은 결정을 여과하고, 이러한 과정을 여러 번 되풀이하면 순도 높은 물질을 얻을 수 있다.

15. 사람의 몸에 존재하는 원소 중 가장 많이 존재하는 3가지 원소(질량 기준)는?

풀이) 산소, 탄소, 수소

16. 영문 이름에서 유래되지 않은 원소 몇 개 만 써라.

풀이) 철, 나트륨, 칼륨, 은 및 주석(라틴어), 텅스텐, 코발트, 니켈(독일어).

17. 철자 1 개로 원소 기호와 이름을 써라

풀이)

B (boron); C (carbon); F (fluorine); H (hydrogen);

I (iodine); K (potassium); N (nitrogen); O (oxygen);

P (phosphorus); S (sulfur); U (uranium); V (vanadium);

W (tungsten); Y (yttrium)

18. 각 화학 기호에 맞는 이름을 써라.

a. I b. N

c. Ge d. Na

e. C

f. P

g. K

h. Ne

풀이)

a. 요오드 (iodine)

b.질소 (nitrogen)

c. 게르마늄 (germanium)

d. 소듐(sodium)

e. 탄소(carbon)

f. 인(Phosphorus)

g. 포타슘(potassium)

h. 네온(neon)

19. 다음 돌턴의 원자설 중 잘못 설명된 내용은 어느 것인가?

a. 원자는 화학 과정에서 생성되거나 파괴되지 않는다.

b. 주어진 원소의 모든 원자는 서로 매우 비슷하다.

c. 주어진 원소의 원자들은 다른 원소의 원자와 다르다.

d. 원소는 원자라는 작은 입자로 구성되어 있다.

e. 주어진 화합물은 항상 같은 수와 유형의 원자를 가지고 있다.

풀이) b (주어진 원소의 모든 원자는 동일하다)

20. 다음 설명에 맞는 화학식을 써라

a. 탄소의 두 배 만큼의 산소를 갖는 분자

b. 소듐, 수소, 탄소 원자의 수는 모두 같고, 산소는 다른 원자보다 세 배 존재하는 화합물

c. 황 원자 1개 당 소듐 원자 2개를 갖는 화합물

d. 질소 원자 1개와 산소 원자 2개를 갖는 분자

e. 탄소 원자 6개와 수소 원자 6개를 갖는 분자

f. 알루미늄 원자 2개와 산소 원자 3개를 포함하는 화합물

g. 포타슘과 아이오딘 원자를 같은 수만큼 갖는 화합물

h. 수소 원자의 수는 황의 두 배이고 산소 원자의 수는 황의 네배인 분자

풀이)

a. CO_2

b. $NaHCO_3$

c. SO_2

d. NO_2

e. C_6H_6

f. Al_2SO_3

g. KI h. H_2SO_4

21. a. 원자핵에서 발견되는 전기를 띄지 않는 입자는 무엇인가?

b. 양전하를 띄는 입자는 무엇인가?

풀이) a. 중성자 b. 양성자

22. 양성자와 거의 질량이 같고, 크기는 같으나 반대 전하를 가지고 있는 입자 무엇인가?

풀이) 전자

23. 다음 원소에 대하여 주기율표를 이용하여 원자 번호, 원소기호, 이름을 쓰시오.

원자 번호	원소 기호	명명
15	P	인
24		크로뮴
29	Cu	-------------
17	----------------	염소
30	Zn	--------------
74	-----------------	텅스텐
2	He	------------------
78	Pt	-----------------

풀이)

원자 번호	원소 기호	명명
15	P	인
24	Cr	크로뮴
29	Cu	구리
17	Cl	염소
30	Zn	아연
74	W	텅스텐
2	He	헬륨
78	Pt	백금

24. 중성 헬륨 원자의 지름은 약 1×10^2 pm이다. 만일 헬륨 원자를 서로 닿게 하여 나란히 일렬로 세울 때, 한쪽 끝에 서 다른 쪽 끝까지의 거리가 1cm가 되려면 대략 몇 개의 원자가 필요하겠는가?

풀이)

$$1\text{ cm} \times \frac{0.01\text{ m}}{1\text{ cm}} \times \frac{1\text{ pm}}{1\times10^{-12}\text{ m}} = 1\times10^{10}\text{ pm}$$

$$\textbf{? He atoms} = (1\times10^{10}\text{ pm}) \times \frac{1\text{ He atom}}{1\times10^{2}\text{ pm}} = \mathbf{1\times10^{8}}\textbf{ He atoms}$$

25. ^{239}Pu(94)의 중성자의 수를 계산하라.

풀이)

239 – 94 = 145

26. 다음 각 동위원소에 대하여 적당한 기호로 나타내시오.

a. Z = 11, A = 23,　　b. Z = 28, A = 64

c. Z = 74, A = 186,　　d. Z = 80, A = 201.

풀이)

a. $^{23}_{11}\text{Na}$　　b. $^{64}_{28}\text{Ni}$

c. $^{186}_{74}\text{W}$　　d. $^{201}_{80}\text{Hg}$

27. 암 치료에 사용되는 이트륨-90(Yttrium-90)에 대해 알맞은 답을 하라.

a. Y-90의 원자는 몇 개의 양성자를 가지고 있는가?

b. 중성자는 몇 개인가?

c. Y-90에 대한 핵 기호를 써라.

풀이) Y-90: 원자 번호(Z) = 39; 질량수(A) = 90

a. 양성자수: 39

b. 중성자수=90-39= 51

c. $^{90}_{39}Y$

28. 다음의 핵 기호를 생각하자. 각 원소가 갖는 양성자, 중성자, 전자 수를 말하라. A, L 및 Z는 어떤 원소를 나타내는가?

a. $^{75}_{33}A$

b. $^{51}_{23}L$

c. $^{131}_{54}Z$

풀이)

a. 양성자: 33　중성자: 42　전자:33　A=As

b. 양성자: 23 중성자: 28 전자:23 L=V

c. 양성자: 54 중성자: 77 전자:54 Z=Xe

29. 146개의 중성자 95개 양성자를 가지고 있는 아메리슘(americium, Am)의 동위원소는 연기 탐지기에 사용된다.

a. 아메리슘 원자는 몇 개의 전자를 가지고 있는가?

b. 동위원소의 질량수 A는 얼마인가?

c. 이 동위원소의 핵 기호를 써라.

풀이)

a. 아메리슘 원자의 전자수: 95

b. 동위원소의 질량수 A : 241

c. 동위원소의 핵 기호: $^{241}_{95}Am$

30. 동위원소를 정의하고 사용에 대해 설명하라.

풀이) 동위 원소는 동일한 수의 양성자를 포함하지만 다른 수의 중성자를 포함하는 원자이므로 양성자수는 같지만 질량수가 다른 원소이다. 동위원소는 고고학, 환경생태학, 범죄감식 등 다양한 분야에서 활용된다. 동위원소의 또 다른 흔한 용도는 동위원소 표지 법등이 있다.

31. 다음 각 동위원소를 원자 기호로 쓰시오.

a. 중성자 7개인 탄소 동위원소

b. 중성자 6개를 가진 탄소의 동위원소

c. 중성자수 30개 인 철 동위원소

d. 양성자수 26, 중성자수 31

e. 중성자 7개인 질소 동위원소

f. 원자 번호 7, 질량수 15

g. 원자 번호 7, 중성자수 8

h. 양성자수 6, 중성자수 8

풀이)

a. $^{13}_{6}\mathrm{C}$

b. $^{12}_{6}\mathrm{C}$

c. $^{56}_{26}\mathrm{Fe}$

d. $^{57}_{26}\mathrm{Fe}$

e. $^{14}_{7}\mathrm{N}$

f. $^{15}_{7}\mathrm{N}$

g. $^{14}_{6}\mathrm{C}$

h. $^{11}_{5}\mathrm{B}$

32. 두 동위원소 Fe-54 과 Fe-56 는 각각 어떻게 다른가? 이들의 핵 기호를 써라.

풀이)

Fe-54: A-Z =54-26=28 중성자수: 28, 양성자수: 26, 질량수: 54; $^{54}_{26}\mathrm{Fe}$

Fe-56: A-Z= 56-26=30 중성자수: 30, 양성자수: 26, 질량수: 56; $^{56}_{26}\mathrm{Fe}$

33. 다음의 물질의 질량수가 증가하는 순서로 나열하라.

a. 소듐 이온 b. 셀레늄 원자

c. 황(S8) 분자 d. 스칸듐 원자

풀이)

a. 소듐 이온 ; 22.99amu

b. 셀레늄 원자; 78.96amu

c. 황(S8) 분자 ; 256.56amu

d. 스칸듐 원자 ; 44.96amu

소듐 이온 < 스칸듐 원자 < 셀레늄 원자 < 황(S8) 분자

34. 평균 원자량이 85.47amu인 루비듐은 두 개의 동위원소 ^{85}Rb (원자 질량 = 84.9118 amu)과 ^{87}Rb (원자 질량 =86.9092 amu)가 있다. . ^{87}Rb의 존재비 백분율은 다음 중 어느 것이라고 추측할 있겠는가?

a. 0% b. 25% c. 50% d. 75%

풀이) (b. 25%)

35.9118 amu인 Rb(85.47)의 평균 원자 질량에서 불과 0.56 amu 떨어져 있고, 반면에 86.9092 amu인 Rb의 평균 원자 질량에서 1.44 amu 떨어져 있다. 차이를 비교하면 ^{87}Rb의 존재비 백분율은 약 25% 더 가깝습니다.

35. 마그네슘(평균 원자 질량 = 24.305 amu)은 3개의 동위원소로 구성되어 있으며 각 동위원소의 원자 질량은 다음과 같다; 23.9850 amu, 24.9858 amu 및 25.9826 amu. 가운데 동위원소의 존재 비는 10.00%이다. 다른 동위 원소의 존재 비를 예측하라.

풀이)

100 - 10.00 = 90.00%

x = 가장 가벼운 동위원소 %

90.00 - x = 가장 무거운 동위원소%

$23.9850\ amu\ [\frac{X}{100}] + 24.9858\ amu\ [\frac{X}{100}] + 25.9826\ amu\ [\frac{90.00 - x}{100}] = 24.30\ amu$

0.239850x + 2.499 + 23.38 - 0.2598x = 24.30

0.239850 - 0.2598x = 24.30 - 2.499 - 23.38

-0.01995x = - 1.58

x = -1.58/-0.019976

x = 79.0%

가장 가벼운 동위원소 % = x = 79.0%

가장 무거운 동위원소%= 90.00 - x = 90.00-79.0 = 11.0%

36. 염소는 Cl-35와 Cl-37의 두 가지 동위원소를 가지고 있다. 이들의 존재 비는 각각 75.53%와 24.47%이다. 수소의 동위원소가 H-1 밖에는 없다고 가정했을 때,
a. HCl 분자는 몇 가지 형태가 가능한가?
b. 각각의 분자에서 두 원자의 질량수의 합은 얼마인가?
풀이)

a. 2 종류의 HCl분자의 2가지 형태 존재: HCl-35 , HCl-37

b. HCl-35: 1 + 35 = 36, HCl-37: 1 + 37 = 38

37. 상온에서 기체로 존재하는 비금속 원소를 아는 대로 써라.

풀이) 수소, 질소, 산소, 불소, 염소 및 모든 8 족 원소(희가스)입니다.

38. 8 족 원소는 왜 불활성 또는 비활성 기체라고 부르는가?

풀이) 이 원소들은 자연에서 결합되지 않은 것으로 발견되고, 다른 원소와 쉽게 반응하지 않는다.

39. 대부분 원소들은 실온에서 고체인데, 실온에서 액체인 원소의 예 3개를 써라.

풀이) 갈륨, 수은, 브롬

40. 이원자 분자로 존재하는 기체 원소와 단원자종으로 존재하는 기체 원소의 예를 들어라.

풀이) 이원자 분자: H_2, N_2, O_2, Cl_2, F_2

단원자 기체: He, Ne, Ar, Kr, Xe, Rn

41. 다음 괄호를 알맞게 채워라.

a) 이온 생성은 원자가 (   )을(를) 얻거나 잃을 때 생성 된다.

b) 음전하를 띤 이온을 (   ), 양전하를 띤 이온을 (   )이라 한다.

c) 고립 상태의 원자는 의 알짜 전하를 (   )개 가지고 있다.

d) 양성자 수보다 전자 3 개가 더 존재하는 이온은 _______의 전하를 가지고 있다

풀이)

a. 전자

b. 음이온, 양이온

c. 0

d. -3

42. 주기율표를 사용하여 다음 이온의 전자 수를 써라. (괄호 속 숫자는 원자 번호)

a. Fe^{3+} (26)　　b. Al^{3+}(13)

c. P^{3-}:(15)　　d. N^{3-} :(7)

e. Sn^{2+}:(50)　　f. I^{-}:(55)

g. Ra^{2+}:(58)　　h. At^{-}:(85)

풀이)

a. 23　　b. 10

c. 18　　d. 10

e. 48　　f. 56

g. 56　　h. 86

43. 이온 결합 화합물의 특성에 대해 나는 대로 써라.

풀이) 금속과 비금속의 결합 화합물, 높은 융점(수백도), 물에 녹거나 용해될 때 전도성 화합물, 일반적으로 순전하가 없다

44. 이온 결합 화합물에서 양전하 수는 음전하 수와 같은 이유에 대해 설명하라.

풀이) 이온 화합물의 결정에 순전하가 없도록 하려면 양전하의 총 수와 총 음전하 수가 같아야 한다. 즉 이온성 화합물은 일반적으로 순전하가 없다.

45. 괄호 속 물질과 형성될 가능한 간단한 화합물을 써라.

a. Cs:(O)　　b. Al:(O)

c. Ba:(O)　　d. K:(S)

e. Mg:(S)　　f. Al(S)

g. Li:(Cl)　　h. Li:(N)

i. Al:(N)　　j. Ba:(H)

k. Na:(O)　　l. Rb:(Cl)

풀이)

a. Cs_2O　　b. Al_2O_3

c. BaO　　d. K_2S

e. MgS　　f. Al_2S_3

g. LiCl

h. $Li_3(N)$

i. AlN

j. BaH_2

k. Na_2O

l. RbCl

46. 미터계에서 질량, 길이, 온도의 기본 단위는 무엇인가?

풀이) 질량: kg 길이: m 온도: 캘빈

47. 미터계 접두어를 표시하라.

풀이)

a. 10^{-15}: 펨토

b. 10^{-12}: 피코

c. 10^{-9}: 나노

d. 10^{-6}: 마이크로

e. 10^{-3}: 밀리

f. 10^{-1}: 데시

g. 10^{3}: 킬로

h. 10^{6}: 메가

48. 표준 과학적 표기법으로 수로 나타내라.

a. 2751

b. 82,521

c. 0.00321

d. 0.000001019

e. 0.1012

f. 301.3

g. 4,011,000

h. 0.000007011

풀이)

a. $2.751x10^{3}$

b. $8.2521x10^{4}$

c. $3.21x10^{-3}$

d. $1.019x10^{-9}$

e. 1.012×10^{-1}

f. 3.013×10^{2}

g. 4.011000×10^{6}

h. 7.011×10^{6}.

49. 시속 120 km를 마일로 나타내라.

풀이)$120\ \text{km} \times \dfrac{1\ \text{mi}}{1.6093\ \text{km}} = 74.6\ \text{mi}$

50. 자동차로 목적지까지 120마일 남았다면 이것은 몇 km인가?

풀이) 120mi x 1.6093km/mi = 120.07

51. 필리핀에서 무연 휘발유를 1L 당 38.46페소에 판매한다. 미화 1달러는 47.15페소이다. 어떤

자동차의 휘발유 탱크는 14갤런의 크기를 가지고 있으며 이 자동차는 1갤런으로 24마일을 달린다.

a. 필리핀의 무연 휘발유의 가격을 갤런 당 미국 달러 단위로 나타내면 얼마인가?

b. 자동차의 연료 통에 무연 휘발유를 가득 채우는데 미국 달러로 얼마가 필요하겠는가?

c. 자동차의 탱크는 비어있는데, 1255필리핀 페소로 휘발유 사는 데만 썼다면 몇 마일을 갈까?

풀이)

a. gal 갤런 → qt 가솔린 → L 가솔린 → 페소 → USD

1 gal × 4 qt / 1 L × 1gal / 1.057 qt × 38.46 페소 / 1 L × 1 USD / 47.15 페소 = 3.09 USD

가솔린 1 갤런 값: $3.09.

b. 14 gal × 4 qt / 1gal × 1 L /1.057 qt ×38.46 페소 / 1 L× 1 USD / 47.15 페소 = 43 USD

c. 자동차가 갤런당 24마일을 달리는 경우 1255페소 상당의 무연 휘발유로 주행한 마일:

1255 페소 × 1L/38.46페소 × 1.057qt/1L × 1gal/4pt × 24mi/1gal = **2.1×10^2 mi**

52. 186 mg/dL의 콜레스테롤 수치를 혈액 mL당 몇g의 콜레스테롤로 바꾼다면 얼마가 될까?

풀이)

186mL 콜레스테롤 /1dL 혈액 × 10^{-3}g/1mg × 10dL/1L × 10^{-3}L/1mL = 1.85×10^{-3}g/mL

53. 유효숫자란 무엇인가?

풀이) 근사값을 나타내는 숫자 중 믿을 수 있는 숫자

54. 어떤 측정 눈금을 정밀도의 한계로 측정값의 마지막 자리 유효숫자는 불확실하다는 이유는?

풀이)스케일에서 가장 작은 부분 사이의 측정값은 예상치 이므로 기록된 마지막 유효 숫자는 불확실하다.

55. 다음 각 수에서 유효 숫자의 개수를 말하라.

a. 0.370 b. 120

c. 8.5×10^5 d. 550.00

풀이)

a. 3 b. 2

c. 2 d. 5

56. 다음의 각 숫자에는 몇 개의 유효 숫자가 있겠는가?

a. 0.00546 m b. 0.0001050 g

c. 2.700×10^9 nm d. $2.500 \times 10_{-4}$ L

e. 56003 cm^3 f. 6×10^{-4} L

풀이)

a. 0.00546 m: 유효숫자 3개
b. 0.0001050 g: 유효숫자 4개
c. 2.700×10^9 nm: 유효숫자 4개

d. 2.500×10^{-4} L: 유효숫자 4개

e. 56003 cm^3: 유효숫자 5개

f. 6×10^{-4} L: 유효숫자 1개

57. 다음 수를 세 개의 유효 숫자를 갖도록 반올림하고 지수 표기법으로 나타내라.

a. 134,931 b. 0.00025615
c. 27.65×10^3 d. 3.365×10^5
e. 0.08214×10^5 f. 0.00034159
g. 1,566,311 h. 0.0011672

풀이)

a. 1.35×10^5 b. 2.56×10^{-4}

c. 2.76×10^4 d. 3.36×10^5

e. 8.21×10^3 f. 3.42×10^4

g. 1.56×10^6 h. 1.17×10^{-3}

58. 지시된 유효 숫자 개수(괄호 속 숫자)를 갖도록 반올림하라.

a. 9.3265(4) b. 93.441×10^3(3)
c. 0.99155×10^2(4) d. 434,100(3)

풀이)

a. 9.326×10^0 b. 9.34×10^4
c. 9.916×10^1 d. 4.34×10^5

59. 다음 수를 화학적 표기법으로 나타내시오.

a. 0.000000027 b. 356 c. 0.096

풀이)

a. 2.7×10^{-8}

b. 3.56×10^2

c. 9.6×10^{-2}

60. 다음 수 및 연산 결과를 과학적 표기법으로 나타내시오.

a. 0.749

b. 802.6

c. 0.000000621

d. $145.75 \times (2.3 \times 10^{-1})$

e. $79,500 / (2.5 \times 10^{2})$

f. $(7.0 \times 10^{-3}) - (8.0 \times 10^{-4})$

f. $(1.0 \times 10^{4}) \times (9.9 \times 10^{6})$

풀이)

a. $0.749 = 7.49 \times 10^{-1}$

b. $802.6 = 8.026 \times 10^{2}$

c. $0.000000621 = 6.21 \times 10^{-7}$

d. $145.75 \times (2.3 \times 10^{-1}) = 145.75 \times 0.23 = 1.4598 \times 10^{2}$

e. $79,500 / (2.5 \times 10^{2}) = 3.2 \times 10^{2}$

f. $(7.0 \times 10^{-3}) - (8.0 \times 10^{-4}) = (7.0 \times 10^{-3}) - (0.80 \times 10^{-3}) = 6.2 \times 10^{-3}$

g. $(1.0 \times 10^{4}) \times (9.9 \times 10^{6}) = 9.9 \times 10^{10}$

61. 다음 연산을 적절 한 유효 숫자와 단위를 표시하라.

a. 5.6792 m + 0.6 m + 4.33 m

b. 3.70 g - 2.9133 g

c. 4.51 cm × 3.6666 cm

d. $(3 \times 10^{4}$ g + 6.827 g)/(0.043 cm^3 - 0.021 cm^3)1.29

e. 7.310 km / 5.70 km

f. $(3.26 \times 10^{-3}$ mg) - $(7.88 \times 10^{-5}$ mg)

g. $(4.02 \times 10^{6}$ dm) + $(7.74 \times 10^{7}$ dm)

h. (7.8 m - 0.34 m)/(1.15 s + 0.82 s)

풀이)

a. 10.6 m　　b. 0.79 g　　c. 16.5 cm^2　　d. 1×10^{6} g/cm^3

e. 1.28　　f. 3.18×10^{-3} mg　　g. 8.14×10^{7}dm　　h. 3.8m/s

62. 비이커로 에탄올 18 mL를 측정하고, 눈금 실린더로 에탄올 128.7 mL를 측정하고, 뷰렛으로 에탄올 23.45 mL를 측정하였다. 이들 물 시료를 모두 한 용기에 부었다면 물의 총 부피를 얼마로 기록해야 하겠는가? 답을 설명하시오.

풀이) 170 mL; (유효숫자는 소수점 있는 덧셈의 경우 소수점 이하 가장 작은 숫자에 맞춘다.)

18mL + 128.7mL + 23.45mL = 170.15mL

63. 적절한 갯수의 유효 숫자를 갖도록 계산 하라.

a. (2.0944 + 0.0003233 + 12.22)/7.001

b. $(1.42 \times 10^2 + 1.021 \times 10^3)/(3.1 \times 10^{-1})$

c. $(9.762 \times 10^{-3})/(1.43 \times 10^2 + 4.51 \times 10^1)$

d. $(6.1982 \times 10^{-4})^2$

풀이)

a. (14.31)/7.001 = 2.045

b. $(142 + 1021)/(3.1 \times 10^{-1}) = (1163)/(3.1 \times 10^{-1}) = 3752 = 3.8 \times 10^3$

c. $(9.762 \times 10^{-3})/(143 + 45.1) = (9.762 \times 10^{-3})/(188.1) = 5.19 \times 10^{-5}$

d. $(6.1982 \times 10^{-4})(6.1982 \times 10^{-4}) = 3.8418 \times 10^{-7}$

64. 다음 값은 모두 측정값이 라고 가정하고, 적절한 갯수의 유효 숫자를 갖도록 계산 하라.

a. $x=\frac{2.63}{4.982}+115.7$

b. x=13.2+1468+0.04

c. $x =\frac{2+0.127+459}{6.2-0.5674.982} =\frac{461}{5.6}$

d. $x= \frac{(6.022 \ \ x\ 10^{23})(129.58 \ \ x\ 10^{-4})}{4.5\ x\ 10^{16}} = \frac{7.803\ x\ 10^{21}}{4.5\ x\ 10^{16}}$

풀이)

a. $x=\frac{2.63}{4.982}+115.7 =116.2$

b. x=13.2+1468+0.04=1481

c. $x =\frac{2+0.127+459}{6.2-0.5674.982} =\frac{461}{5.6} =82$

d. $x= \frac{(6.022 \ \ x\ 10^{23})(129.58 \ \ x\ 10^{-4})}{4.5\ x\ 10^{16}} = \frac{7.803\ x\ 10^{21}}{4.5\ x\ 10^{16}}= 1.7\ x\ 10^5$

65. 적절한 개수의 유효 숫자를 갖도록 계산 하라.

a. 7846 × 9.2437 × 235.649 × 33

b. 5.8300 / 83

c. (57.6 × 3) / (34 × 3.00 × 87.507)

d. 78.00 + 45.6 + 0.00467 + 39.45 + 276.999

e. 667.00 - 12

f. 9592 - 0.1

풀이)

a. 7846 × 9.2437 × 235.649 × 33 = 5.6×10^8

b. 5.8300 / 83 = 7.0

c. (57.6 × 3) / (34 × 3.00 × 87.507) = 0.02

d. 78.00 + 45.6 + 0.00467 + 39.45 + 276.999 = 440.1

e. 667.00 - 12 = 655

f. 9592 - 0.1 = 9591.9

66. 한 변이 2.00인치이고 무게는 120g인 얼음 입방체에 대해 답하라.

(a) 얼음 밀도는 얼마일까?

(b) 얼음 입방체가 녹았을 때 얻어지는 물(d = 1.00=g/mL)의 부피는 얼마일까?

풀이)

(a) 얼음 부피: $(2.00\text{in})^3 = 8.00\text{in}^3$

얼음 밀도=$\frac{1.20\times10^2 g}{8.00 in^3} \times \frac{1\ in^3}{(2.54cm)^3}$=0.915g/$cm^3$

(b) 물의 부피= $\frac{1.20\times10^2}{1.00g/mL}$=$1.20 \times 10^2$ mL

67. 11.33g의 불규칙한 모양의 고체를 35.0 mL로 수위가 표시된 물(d = 1.00g/mL)로 채워져 있는 눈금 실린더에 넣었더니, 고체가 바닥으로 가라앉은 후 물의 수위는 42.3mL로 측정 되었다. 고체의 밀도는 얼마일까?

풀이)

물체의 부피 = 42.3mL - 35.0mL = 7.3mL

고체의 밀도= $\frac{11.33\ \text{g}}{7.3\ \text{mL}}$ = 1.6g/mL

68. 황산 포타슘 15g과 물 225g을 섞고 가열 후, 40℃로 냉각하였더니 균일한 용액이 얻어졌다. 이 용액은 포화, 불포화, 아니면 과포화 상태인가? 이 비커를 흔들자 침전이 생겼다. 몇 g의 황산 포타슘이 석출되겠는가?(40℃ 에서 황산 포타슘(potassium sulfate)의 물에 대한 용해도 15g/물100g)

풀이)

과포화용액

$$225\ g \times \frac{15\ g\ 황산\ 포타슘}{100\ g\ 물} = 34\ g$$

69. 적절한 환산 인자를 사용하여 다음 변환을 하라.

a. 12.5 in. → cm

b. 12.5 cm → 인치

c. 2513 ft → 마일

d. 4.53 ft → 미터

e. 6.52 분 → 초

f. 52.3 cm → 미터

g. 4.21 m → 야드

h. 8.02 oz → 파운드

풀이)

a. $12.5\ in \times \frac{2.54\ cm}{1\ in} = 31.8\ cm$

b. $12.5\ cm \times \frac{1\ in}{2.54\ cm} = 4.92\ in$

c. $2513\ ft \times \frac{1\ mi}{5280\ ft} = 0.4759\ mi$

d. $4.53\ ft \times \frac{1\ yd}{3\ ft} \times \frac{1\ m}{1.0936\ yd} = 1.38\ m$

e. $6.52\ min \times \frac{60\ sec}{1\ min} = 391\ sec$

f. $52.3\ cm \times \frac{1\ m}{100\ cm} = 0.523\ m$

g. $4.21\ m \times \frac{1.0936\ yd}{1\ m} = 4.60\ yd$

h. $8.02\ oz \times \frac{1\ lb}{16\ oz} = 0.501\ lb$

70. 다음 온도 변환을 하시오.

a. 44.2℃ → K

b. 891K → ℃

c. -20°F → K

d. 273.1K → °C

e. -153°F → K f. -153°C → K

g. 555°C → K h. -24°F → °C

풀이)

a. 44.2°C + 273 = 317.2 K (317 K)

b. 891 K – 273 = 618°C

c. –20°C + 273 = 253 K

d. 273.1 K – 273 = 0.1°C (0°C)

e. T_c = (T_F-32)/1.80 = (-153°F – 32)/1.80=(-185)/1.80=-103℃

T_k = -103℃ + 273=170K

f. T_k = -153℃ + 273=120K

g. T_F =1.80(T_c) + 32=1.80(555℃)+32=1031°F

h. T_c = (T_F-32)/1.80 = (-24°F – 32)/1.80=-31℃

71. 다음 질량과 부피에 대해 밀도(g/cm³) 를 계산하라.

a. 질량 = 452.1 g; 부피 = 292 cm³

b. 질량 = 0.14 lb; 부피 = 125 mL

c. 질량 = 1.01 kg; 부피 = 1000 cm³

d. 질량= 225 mg; 부피 = 2.51 mL

풀이)

a. 밀도 = $\frac{452.1\text{ g}}{292\text{ cm}^3}$ = 1.55 g/cm³

b. 질량 = 0.14 lb = 63.5 g 부피 = 125 mL = 125 cm³

밀도 = $\frac{63.5\text{ g}}{125\text{ cm}^3} = 0.51\text{ g/cm}^3$

c . 질량 = 1.01 kg = 1010 g

밀도 = $\frac{1010\text{ g}}{1000\text{ cm}^3} = 1.01\text{ g/cm}^3$

d. 질량 = 225 mg = 0.225 g 부피= 2.51 mL = 2.51 cm³

밀도 = $\frac{0.225\text{ g}}{2.51\text{ cm}^3} = 0.0896\text{ g/cm}^3$

72. 주기율표는 무엇이며, 화학 공부에서 주기율표가 왜 중요 한가? 주기율표에서 족과 주기란 무엇인가?

풀이)

원소는 주기율표에서 화학적 및 물리적 특성에 따라 함께 그룹화할 수 있다. 주기율표를 사용하면 원소(금속, 준금속 및 비금속)를 분류하고 체계적인 방식으로 특성을 연관시킬 수 있다. Groups는 주기율표의 세로 열이고 periods는 표의 가로 행이다.

73. 금속의 특성을 설명하라.

a. 주기율표의 족을 따라 아래로 내려갈 때

b. 주기율표를 횡단하여 갈 때 나타나는 성질의 변화(금속에서 비금속으로 또는 비금속에서 금속으로)를 설명하라.

a. 금속성 특성은 주기율표의 그룹을 아래로 내려갈수록 증가한다. 예를 들어, 그룹 4A 아래로 이동하면 비금속 탄소가 맨 위에 있고 금속 납이 그룹 맨 아래에 있다.

b. 금속성은 테이블의 왼쪽(금속이 위치한 곳)에서 테이블의 오른쪽(비금속이 위치한 곳)으로 감소한다.

제 2 장 분자, 명명법 및 화학식

1. 원자 번호와 질량수란 무엇인가? 원자 번호를 알 면 원자 내에 존재하는 전자 수를 예측할 수 있는가?

풀이) 원자 번호는 핵에 있는 양성자의 수이고, 질량수는 원자핵에 있는 양성자와 중성자의 수의 합이다. 원자에서 양성자와 전자의 수는 같으므로 원자 번호를 알면 양성자와 전자의 수도 모두 알 수 있다.

2. 원자와 분자의 차이는 무엇인가?

풀이) 원자는 화학 결합에 들어갈 수 있는 원소의 기본 단위이다. 분자는 화학적 힘(화학 결합이라고도 함)에 의해 함께 고정된 명확한 배열로 적어도 두 개의 원자의 집합체이다.

3. 동소체는 무엇인가? 예를 들고,. 동소체와 동위원소는 어떻게 다른지 설명 하라.

풀이) 동소체는 화학적 및 물리적 특성이 크게 다른 동일한 요소의 두 가지 이상의 형태입니다. 다이아몬드와 흑연은 탄소의 동소체입니다. 원소의 동소체는 구조와 성질이 다른 반면, 주어진 원소의 동위체는 중성자 수는 다르지만 화학적 성질은 비슷합니다.

4. 다음 물질의 중성자수를 계산 하라.

(a) $^{4}_{2}He$ (b) $^{79}_{35}Br$ (c) $^{24}_{12}Mg$ (d) $^{25}_{12}Mg$

(e) $^{33}_{16}S$ (f) $^{84}_{38}Sr$ (g) $^{195}_{78}Pt$ (h) $^{186}_{74}W$

풀이)

a. 2 b. 44 c. 12 d. 13

e. 17 f. 46 g. 117 h. 112

5. 다음 이온 각각에 대하여 양성자수와 전자수를 쓰시오

Na^+ Ca^{2+} Al^{3+} Fe^{2+} I^- F^- S^{2-} O^{2-} N^{3-}

풀이)

이온	Na^+	Ca^{2+}	Al^{3+}	Fe^{2+}	I^-	F^-	S^{2-}	O^{2-}	N^{3-}
양성자수	11	20	13	26	53	9	16	8	7
전자수	10	18	10	24	54	10	18	10	10

6. 다음 중 화합물을 있는 대로 골라라.

NH_3, N_2, S8, NO, CO, CO_2, H_2, SO_2.

풀이) NH_3, NO, CO, CO_2, SO_2.

7. 다음 분자식에서 원자의 비를 구하라.

(a) NO (b) NCl_3 (c) N_2O_4 (d) P_4O_6.

풀이)

(a) NO(1:1) (b) NCl_3(1:3) (c) N_2O_4(1:2) (d) P_4O_6(2:3)

8. 이온 결합 화합물의 화학식은 보통 그들의 실험식과 같은 이유는 무엇인가?

풀이) 이온성 화합물은 별개의 분자 단위로 구성되지 않고 이온의 3차원 네트워크이다. 이온성 화합물은 양이온과 음이온이 결합하는 가장 단순한 비율(실험식)로 나타내기 때문이다.

9. 괄호 속에 알맞은 용어로 채워라.

이온 결합 화합물의 명명에서, 우리말 이름 에서는 (a)을 이름 앞에 쓰고, 영어명에서는 (b)의 이름을 앞에 쓴다. 또한 양이온은 영어로 (c)라고 하고, 음이온은 영어로 (d)라고 한다.

풀이)

a. 음이온 b. 양이온 c. positive d. negaive

10. 다음 화합물의 실험식을 써라.

a. Al_2Br_6 b. $Na_2S_2O_4$ c. N_2O_5 d. $K_2Cr_2O_7$

e. C_2N_2 f. C_6H_6 g. C_9H_{20} h. P_4O_{10}

i. B_2H_6 j. C_2H_6

풀이)

a. $AlBr_3$ b. $NaSO_2$ c. N_2O_5 d. $K_2Cr_2O_7$

e. CN f. CH g. C_9H_{20} h. P_2O_5

i. BH_3 j. CH_3

11. 에탄올의 분자식을 써라. 검정(탄소), 빨강(산소), 회색(수소)이다.

풀이) C_2H_6O. 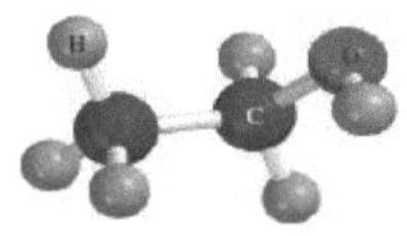

12. 다음 화합물 중 이온 결합 화합물과 분자 화합물을 구별하라.

CH_4, KBr, BaF_2, CCl_4, ICl, CsCl, $SiCl_4$, RbF, $BaCl_2$, B_2H_6, NaCl, C_2H_6.

풀이)

이온 결합 화합물: KBr, BaF_2, CsCl, RbF, $BaCl_2$, NaCl

분자 화합물: CH_4, CCl_4, ICl, NF_3, $SiCl_4$, B_2H_6, C_2H_6

13. 다음 화합물을 명명하라.

a. K_2CrO_2
b. HBr(기체)
c. HBr(수용액)
d. Na_2CO_3
e. $K_2Cr_2O_7$
f. NH_2NO_2
g. PF_3
h. PF_5
i. P_4O_6
j. $SrSO_2$
k. $Al(OH)_3$.
l. CCl_4,

풀이)

a.크롬산 포타슘
b.브롬화 수소
c.브롬산
d.탄산 소듐
e.중크롬산 포타슘
f. 아질산 암모늄
g. 삼불화인
h. 오 불화인
i. 육산화사인
j. 황산 스트론튬
k. 수산화 알루미늄
l .사염화탄소

14. 화합물을 명명하시오.

a.KClO
b.Ag_2CO_3
c. $FeCl_2$
d. $KMnO_4$
e. $CsClO_3$
f. FeO
g. Fe_2O_3
h. $TiCl_4$
i. NaH
j. Na_2O
k. Na_2O_2
l . $BaCl_2$,

풀이)

a. 하이포아염소산 포타슘
b. 탄산은(I)
c. 염화철(II)
d. 과망간산 포타슘

e. 염소산 세슘

f. 산화철(II)

g. 산화철(III)

h. 염화티타늄(IV)

i. 수소화소듐

j. 산화소듐

k. 과산화소듐

l. 염화바륨

15. 다음 화합물의 화학식을 써라.

a. 아질산 루비듐

b. 황화 포타슘

c. 과브로민산

d. 인산 마그네슘

e. 인산 수소 칼슘

f. 삼염화 붕소

g. 칠플루오린화 아이오딘

h. 황산 암모늄

i. 과염소산 은

j. 크로뮴산 철(III),

k. 황산 칼슘 수화물

풀이)

a. $RbNO_2$

b. K_2S

c. $HBrO_4$

d. $Mg_3(PO_4)_2$

e. $CaHPO_4$

f. BCl_3

g. IF_7

h. $(NH_4)_2SO_4$

i. $AgClO_4$

j. $Fe_2(CrO_4)_3$

k. $CaSO_4{\cdot}2H_2O$

16. 다음 이온 결합 물질을 명명하라.

a. $CuCl_2$ b. Ag_2O c. Li_2O d. CaS e. Cs_2S

풀이)

a. 염화 구리(II) [copper(II) chloride],

b. 산화 은(II) [silver(II) oxide]

c. 산화 리튬(I) [lithium(I) oxide],

d. 황화 칼슘 [calcium sulfide]

e. 황화 세슘(II) [cesium(II) sulfide]

17. 로마 숫자로 양이온의 전하를 나타내고 명명하라.

a. $SnCl_4$ b. Fe_2S_3 c. PbO_2 d. Cr_2S_3

e. CuO f. Cu_2O g. FeI_3 h. $MnCl_2$

i. HgO j. Cu_2S k. CoO l. $SnBr_4$

풀이)

a. 염화 주석(IV) (tin(IV) chloride.)
b. 황화철(III) iron(III) sulfide.
c. 산화 납(IV) lead(IV) oxide.
d. 황화 크롬(III)chromium(III) sulfide.
e. 산화 구리(II) copper(II) oxide.
f. 산화 구리(I)copper(I) oxide.
g. 요오드화 철(III) iron(III) iodide.
h. 염화 망간(II)manganese(II) chloride.
i. 산화 수은(II) mercury(II) oxide.
j. 황화 구리(I) copper(I) sulfide.
k. 산화 코발트(II) cobalt(II) oxide.
l. 브롬화 주석(IV) tin(IV) bromide.

18. 다음 바금속 원소로 된 공유결합 화합물을 명명하라.

a. N_2O_5 b. $XeCl_2$ c. SeO_2 d. N_2O_3

e. NH_3 f. CS_2 g. KrF_2 h. Se_2S_6

i. AsH_3 j. XeF_4 k. BrF_3 l. P_2S_5

풀이)

a. 오산화 이질소 dinitrogen pentoxide
b. 이염화제논 xenon dichloride
c. 이산화 셀레늄 selenium dioxide
d. 삼산화 이질소 dinitrogen trioxide
e. 암모늄 ammonium
f. 이황화탄소 carbon disulfide
g. 이불화크립톤 krypton difluoride
h. 육황화셀레늄 diselenium hexasulfide
i. 삼수소화비소 arsenic trihydride
j. 사불화제논 xenon tetr(*a*)oxide
k. 삼불화브롬 bromine trifluoride
l. 오황화이인 diphosphorus pentasulfide

19. 다음 인을 포함하는 이온의 화학식과 전하를 써라.

a. 인화 이온(phosphide) b. 인산 이온(phosphate)

c. 아인산 이온(phosphite) d. 인산 수소 이온(hydrogen phosphate)

풀이)

a. P^{3-} b. PO_4^{3-} c. PO_3^{3-} d. HPO_4^{2-}

20. 다음 염소를 포함하는 이온의 화학식과 전하를 써라.

풀이)

a. ClO_4^- 과염소산 이온 perchlorate
b. ClO^- 하이포아염소산 이온 hypochlorite
c. ClO_3^- 염소산 이온 chlorate
d. ClO_2^- 아염소산 이온 chlorite

21. 다음 화합물의 화학식을 써라.

a. 시안화소듐 b. 탄산 칼슘

c. 탄산 수소포타슘 d. 아세트산 마그네슘

풀이)

a. NaCN b. $CaCO_3$ c. $KHCO_3$ d. $Mg(C_2H_3O_2)_2$

22. 다음 다원자 이온을 명명하라.

a. NH_4^+ b. $H_2PO_4^-$

c. SO_4^{2-} d. HSO_3^-

e. ClO_4^- f. IO_3^-

풀이)

a. 암모늄 이온 ammonium b. 인산이수소이온 dihydrogen phosphate

c. 인산 이온 sulfate d. 아황산 이온 hydrogen sulfite (also called *bi*sulfite)

e. 과염소산 이온 perchlorate f. 요오드산 이온 iodate

23. 다원자 이온을 포함하는 다음 화합물을 명명하시오.

a. NH_4NO_3 b. $Ca(HCO_3)$

c. $MgSO_4$ d. $Na_2HPO_4^-$

e. $KClO_4$ f. $Ba(C_2H_3O_2)_2$

g. $NaMnO_4$ h. $Ca(ClO)_2$

i. $AlPO_4$ j. $BaCO_3$

k. $CrCO_3$ l. $CaCrO_4$

풀이)

a. 질산 암모늄 ammonium nitrate

b. 탄산 수소 칼슘 calcium hydrogen carbonate, calcium bicarbonate

c. 황산 마그네슘 magnesium sulfate

d. 인산 수소 소듐 이온 sodium hydrogen phosphate

e. 과염소산 포타슘 potassium perchlorate

f. 아세트산 바륨 barium acetate

g. 과망간산 소듐 sodium permanganate

h. 아염소산 칼슘 calcium hypochlorite

i. 인산 알루미늄 aluminum phosphate

j. 탄산 바륨 barium carbonate

k. 탄산 크롬(II) chromium(II) carbonate, chromous carbonate

l. 크롬산 칼슘 calcium chromate

24. 다음 산을 명명하라.

a. HCl　　b. H_2SO_4　　c. HNO_3

d. HI　　e. HNO_2　　f. $HClO_3$

g. HBr　　h. $HC_2H_3O_2$

풀이)

a. 염산 hydrochloric acid

b. 황산 sulfuric acid

c. 질산 nitric acid

d. 요오드산 hydroiodic acid

e. 아질산 trous acid

f. 염소산 chloric acid

g. 브롬산 hydrobromic acid

h. 아세트산 acetic acid

25. 다음 산을 명명하라.

a. HOCl　　b. H_2SO_3　　c. $HBrO_3$

d. HOI　　e. HBrO4　　f. H_2S

g. H_2Se　　h. H_3PO_3

풀이)

a. 하이포아염소산 hypochlorous acid

b. 아황산 sulfurous acid

c. 아브롬산 bromic acid

d. 하이포아요오드산 hypoiodous acid

e. 브롬산 perbromic acid

f. 황화수소산 hydrosulfuric acid

g. 셀레늄산 hydroselenic acid

h.아인산 phosphorous acid

26. 다음 산의 식을 써라.

a. 과염소산(perchloric acid) b. 과브로민산(perbromic acid)

c. 아세트산(acetic acid) d. 브롬산(hydrobromic acid)

e. 아염소산(chlorous acid) f. 셀레늄산 (hydroselenic acid)'

g. 아황산(sulfurous acid) h. 황화 수소산(hydrosulfuric acid)

풀이)

a. $HClO_4$ b. $HBrO_4$ c. $HC_2H_3O_2$

d. HBr e. $HClO_2$ f. H_2Se

g. H_2SO_3 h. H_2S

풀이)

27. 다음 각 물질의 식을 써라.

a. 과산화 소듐(sodium peroxide) b. 염소산 칼슘(calcium chlorate)

c. 수산화 루비듐(rubidium hydroxide) d. 질산 아연(zinc nitrate)

e. 다이크로뮴산 암모늄(ammonium dichromate) f. 황화 수소산(hydrosulfuric acid)

g. 브로민화 칼슘(calcium bromide) h. 하이포아염소산(hypochlorous acid)

i. 황산 포타슘(potassium sulfate) j. 질산(nitric acid)

k. 아세트산 바륨(barium acetate) l. 아황산 리튬(lithium sulfite)

풀이)

a. Na_2O_2 b. $Ca(ClO_3)_2$ c. RbOH

d. $Zn(NO_3)_2$ e. $(NH_4)_2Cr_2O_7$ f. $H_2S(aq)$

g. $CaBr_2$ h. $HOCl(aq)$ i.K_2SO_4

j. HNO_3(aq) k. $Ba(C_2H_3O_2)_2$ l. Li_2SO_3

28. 다음 각 물질의 화학식을 써라.

a. 황산 수소 칼슘(calcium hydrogen sulfate) b. 인산 아연(zinc phosphate)

c. 과염소산 철(III) [iron(III) perchlorate] d. 수산화 제이코발트(cobaltic hydroxide)

e. 염소산 포타슘(potassium chlorate) f. 인산 이수소 알루미늄(aluminum dihydrogen phosphate)

g. 중탄산 리튬(lithium bicarbonate) h. 아세트산 망가니즈(II) [manganese(II) acetate]

i. 인산 수소 마그네슘(magnesium hydrogen phosphate) j. 아염소산 세슘(cesium chlorite)

k. 과염소산 바륨(barium peroxide) l. 탄산 제일니켈(nickelous carbonate)

29. 주기율표정보를 활용하여 다음 시료에 존재하는 원소들의 몰수를 계산하라.

a. 네온 4.95 g b. 니켈 72.5 g c. 은 115 mg

d. 우라늄 6.22 μg e. 아이오딘 135 g f. 황 49.2 g

g. 납 7.44×10^4 kg h. 염소 3.27 mg i. 리튬 4.01 g

j. 구리 100.0 g k. 스트론튬 82.6 mg

풀이)

a. $4.95 \text{ g Ne} \times \dfrac{1 \text{ mol}}{20.18 \text{ g}} = 0.245 \text{ mol Ne}$

b. $72.5 \text{ g Ni} \times \dfrac{1 \text{ mol}}{58.69 \text{ g}} = 1.24 \text{ mol Ni}$

c. $115 \text{ mg Ag} \times \dfrac{1 \text{ g}}{1000 \text{ mg}} \times \dfrac{1 \text{ mol}}{107.9 \text{ g}} = 1.07 \times 10^{-3} \text{ mol Ag}$

d. $6.22 \mu\text{g U} \times \dfrac{1 \text{ g}}{10^6 \mu\text{g}} \times \dfrac{1 \text{ mol}}{238.0 \text{ g}} = 2.61 \times 10^{-8} \text{ mol U}$

e. $135 \text{ g I} \times \dfrac{1 \text{ mol}}{126.9 \text{ g}} = 1.06 \text{ mol I}$

f $49.2 \text{ g S} \times \dfrac{1 \text{ mol}}{32.07 \text{ g}} = 1.53 \text{ mol of S}$

g. $7.44 \times 10^4 \text{ kg Pb} \times \dfrac{1000 \text{ g}}{1 \text{ kg}} \times \dfrac{1 \text{ mol}}{207.2 \text{ g}} = 3.59 \times 10^5 \text{ mol Pb}$

h. $3.27 \text{ mg Cl} \times \dfrac{1 \text{ g}}{1000 \text{ mg}} \times \dfrac{1 \text{ mol}}{35.45 \text{ g}} = 9.22 \times 10^{-5} \text{ mol Cl}$

I. $4.01 \text{ g Li} \times \dfrac{1 \text{ mol}}{6.9419 \text{ g}} = 0.578 \text{ mol Li}$

j. $100.0 \text{ g Cu} \times \dfrac{1 \text{ mol}}{63.55 \text{ g}} = 1.574 \text{ mol Cu}$

k. 82.6 mg Sr × $\frac{1\text{ g}}{1000\text{ mg}}$ × $\frac{1\text{ mol}}{87.62\text{ g}}$ = 9.43 × 10^{-4} mol Sr

30. 주기율표를 활용하여 다음 시료에 존재하는 원소들의 질량을 그램 단위로 계산하라

a. 리튬 0.251 mol

b. 알루미늄 1.51 mol

c. 납 8.75 x 10^{-2} mol

d. 크로뮴 125 mol

e. 철 4.25 x 10^{3} mol

f. 마그네슘 0.000105 mol

g. 칼슘 0.00552 mol

h. 붕소 6.25mmol(1mmol 51/1000 mol)

i. 알루미늄 135 mol

j. 바륨 1.34 3 1027 mol

k. 인 2.79 mol l. 비소 0.0000997 mol

풀이)

a. 0.251 mol Li × $\frac{6.941\text{ g Li}}{1\text{ mol Li}}$ = 1.74 g Li

b. 1.51 mol Al × $\frac{26.98\text{ g Al}}{1\text{ mol Al}}$ = 40.7 g Al

c. 8.75 × 10^{-2} mol Pb × $\frac{207.2\text{ g Pb}}{1\text{ mol Pb}}$ = 18.1 g Pb

d. 125 mol Cr × $\frac{52.00\text{ g Cr}}{1\text{ mol Cr}}$ = 6.50 × 10^{3} g Cr

e. 4.25 × 10^{3} mol Fe × $\frac{55.85\text{ g Fe}}{1\text{ mol}}$ = 2.37 × 10^{5} g Fe

f. 0.000105 mol Mg × $\frac{24.31\text{ g Mg}}{1\text{ mol Mg}}$ = 2.55 × 10^{-3} g Mg

g. 0.00552 mol Ca × $\frac{40.08\text{ g}}{1\text{ mol}}$ = 0.221 g Ca

h. 6.25 millimol B × $\frac{1\text{ mol}}{10^{3}\text{ millmol}}$ × $\frac{10.81\text{ g}}{1\text{ mol}}$ = 0.0676 g B

i. $135 \text{ mol Al} \times \dfrac{26.98 \text{ g}}{1 \text{ mol}} = 3.64 \times 10^3 \text{ g Al}$

j. $1.34 \times 10^{-7} \text{ mol Ba} \times \dfrac{137.3 \text{ g}}{1 \text{ mol}} = 1.84 \times 10^{-5} \text{ g Ba}$

k. $2.79 \text{ mol P} \times \dfrac{30.97 \text{ g}}{1 \text{ mol}} = 86.4 \text{ g P}$

l. $0.0000997 \text{ mol As} \times \dfrac{74.92 \text{ g}}{1 \text{ mol}} = 7.47 \times 10^{-3} \text{ g As}$

31. 주기율표를 활용하여 다음 시료에 원자 수를 계산하라.

a. Ag 1.50 g

b. Cu 0.0015 mol

c. Cu 0.0015 g

d. Mg 2.00 kg

e. 철 125 g

f. Ca 2.34 g

g. Ca 2.34 mol

h. 철 125 mol

풀이)

a. $1.50 \text{ g Ag} \times \dfrac{6.022 \times 10^{23} \text{ Ag atoms}}{107.9 \text{ g Ag}} = 8.37 \times 10^{21} \text{ Ag}$

b. $0.0015 \text{ mol Cu} \times \dfrac{6.022 \times 10^{23} \text{ Cu atoms}}{1 \text{ mol}} = 9.0 \times 10^{20} \text{ Cu}$

c. $0.0015 \text{ g Cu} \times \dfrac{6.022 \times 10^{23} \text{ Cu atoms}}{63.55 \text{ g Cu}} = 1.4 \times 10^{19} \text{ Cu}$

d. $2.00 \text{ kg} = 2.00 \times 10^3 \text{ g}$

$2.00 \times 10^3 \text{ g Mg} \times \dfrac{6.022 \times 10^{23} \text{ Mg atoms}}{24.31 \text{ g Mg}} = 4.95 \times 10^{25} \text{ Mg}$

e. $125 \text{ g Fe} \times \dfrac{6.022 \times 10^{23} \text{ Fe atoms}}{55.85 \text{ g Fe}} = 1.35 \times 10^{24} \text{ Fe}$

f. $2.34 \text{ g Ca} \times \dfrac{6.022 \times 10^{23} \text{ Ca atoms}}{40.08 \text{ g Ca}} = 3.52 \times 10^{22} \text{ Ca}$

g. $2.34 \text{ mol Ca} \times \dfrac{6.022 \times 10^{23} \text{ Ca atoms}}{1 \text{ mol Ca}} = 1.41 \times 10^{24} \text{ Ca}$

h. $125 \text{ mol Fe} \times \dfrac{6.022 \times 10^{23} \text{ Fe atoms}}{1 \text{ mol Fe}} = 7.53 \times 10^{25} \text{ Fe}$

32. 다음 물질을 명명하고 몰질량을 계산하라.

a. H_3PO_4

b. Fe_2O_3

c. $NaClO_4$ d. $PbCl_2$

e. HBr f. $Al(OH)_3$

g. $KHCO_3$ h. Hg_2Cl_2

i. H_2O_2 j. $BeCl_2$

k. $Al_2(SO_4)_3$ l. $KClO_3$

풀이)

a. 인산: H_3PO_4 = (3.024 g + 30.97 g + 64.00 g) = 97.99 g

b. 산화철(III) Fe_2O_3 = (111.7 g + 48.00 g) = 159.7 g

c. 과염소산 소듐:$NaClO_4$ = (22.99 g + 35.45 g + 64.00 g) = 122.44 g

d. 염화납(II): $PbCl_2$ = (207.2 g + 70.90 g) = 278.1 g

e. 브롬산: HBr = (1.008 g + 79.90 g) = 80.91 g

f. 수산화 알루미늄: $Al(OH)_3$ = (26.98 g + 3.024 g + 48.00 g) = 78.00 g

g. 탄산 수소포타슘: $KHCO_3$ = (39.10g + 1.008g + 12.01g + 48.00g) = 100.12 g

h. 염화수은(I): Hg_2Cl_2 = (401.2 g + 70.90 g) = 472.1 g

i. 과산화수소: H_2O_2 = (2.016 g + 32.00 g) = 34.02 g

j. 염화베릴륨: $BeCl_2$ = (9.012 g + 70.90 g) = 79.91 g

k. 황산 알루미늄: $Al_2(SO_4)_3$ = (53.96 g + 96.21 g + 192.0 g) = 342.2 g

l. 염소산 포타슘: $KClO_3$ = (39.10g+35.45g+48g)=122.55 g

33. 다음 물질의 몰수를 계산하라.

a. $MgCl_2$ 41.5 g b. Li_2O 135 mg

c. Cr 1.21 kg d. H_2SO_4 62.5 g

e. C_6H_6 42.7 g f. $H_2O_2$135 g

g. 탄산 리튬(Li_2CO_3) 1.95 x 10^{-3} g h. 염화 칼슘($CaCl_2$) 4.23 kg

i. 염화 스트론튬($SrCl_2$) 1.23 mg j. 황산 칼슘($CaSO_4$) 4.75 g

k. 산화 질소(IV)(NO_2) 96.2 mg . 염화 수은(I)(Hg_2Cl_2) 12.7 g

풀이)

a. 몰질량 $MgCl_2$ = 95.21 g 41.5 g × $\frac{1\ mol}{95.21\ g}$ = 0.436 mol

b. 몰질량 Li_2O = 29.88 g; 135 mg = 0.135g, 0.135 g × $\frac{1\ mol}{29.88\ g}$ = 4.52 × 10^{-3} mol

c. 몰질량 Cr = 52.00 g; 1.21 kg = 1210g, 1210 g × $\frac{1\ mol}{52.00\ g}$ = 23.3 mol

d. 몰질량 H_2SO_4 = 98.09 g, 62.5g × $\frac{1\ mol}{98.09\ g}$ = 0.637 mol

e. 몰질량 C_6H_6 = 78.11 g, 42.7g × $\frac{1\ mol}{78.11\ g}$ = 0.547 mol

f. 몰질량 H_2O_2 = 34.02 g, 135g × $\frac{1\ mol}{34.02\ g}$ = 3.97 mol

g. 몰질량 Li_2CO_3 = 73.89 g, 1.95 × 10^{-3}g × $\frac{1\ mol}{73.89\ g}$ = 2.64 × 10^{-5} mol

h. 몰질량 $CaCl_2$ = 110.98 g, 4.23kg × $\frac{1000\ g}{1\ kg}$ × $\frac{1\ mol}{110.98\ g}$ = 38.1 mol

i. 몰질량 $SrCl_2$ = 158.52 g, 1.23mg × $\frac{1\ g}{1000\ mg}$ × $\frac{1\ mol}{158.52\ g}$ = 7.76 × 10^{-6} mol

j. 몰질량 $CaSO_4$ = 136.15 g, 4.75g × $\frac{1\ mol}{136.15\ g}$ = 3.49 × 10^{-2} mol

k. 몰질량 NO_2 = 46.01 g, 96.2mg × $\frac{1\ g}{1000\ mg}$ × $\frac{1\ mol}{46.01\ g}$ = 2.09 × 10^{-3} mol

l. 몰질량 Hg_2Cl_2 = 472.1 g, 12.7g × $\frac{1\ mol}{472.1\ g}$ = 0.0269 mol

34. 다음 물질의 몰수의 질량을 계산 하라.

a. 에틸 알코올(C_2H_6O) 0.251 mol b. 이산화 탄소(CO_2) 1.26 mol

c. 염화 금(III)($AuCl_3$) 9.31 x 10^{-4} mol d. 질산 소듐($NaNO_3$) 7.74 mol

e. 철(Fe) 0.000357 mol f. 벤젠(C_6H_6) 0.994 mol

g. 수소화 칼슘(CaH_2) 4.21 mol h. 과산화수소(H_2O_2) 1.79 x 10^{-4} mol

i. 글루코스($C_6H_{12}O_6$) 1.22 mmol j. 주석(Sn) 10.6 mol

k 플루오르화 스트론튬(SrF_2) 0.000301 mol

풀이)

a. 몰질량C_2H_6O = 46.07 g, 0.251 mol × $\frac{46.07\ g}{1\ mol}$ = 11.6 g C_2H_6O

b. 몰질량 CO_2 = 44.01 g, 1.26 mol × $\frac{44.01\ g}{1\ mol}$ = 55.5 g CO_2

c. 몰질량 $AuCl_3$ = 303.4 g, 9.31 × 10^{-4} mol × $\frac{303.4\ g}{1\ mol}$ = 0.282 g $AuCl_3$

d. 몰질량 $NaNO_3$ = 85.00 g, 7.74 mol × $\frac{85.00\ g}{1\ mol}$ = 658 g $NaNO_3$

e. 몰질량 Fe = 55.85 g, 0.000357 mol × $\frac{55.85\ g}{1\ mol}$ = 0.0199 g Fe

f. 몰질량 C_6H_6 = 78.11 g, 0.994 mol × $\frac{78.11\ g}{1\ mol}$ = 77.6 g

g. 몰질량 CaH_2 = 42.10 g, 4.21 mol × $\frac{42.10\ g}{1\ mol}$ = 177 g

h. 몰질량 H_2O_2 = 34.02 g, 1.79 × 10^{-4} mol × $\frac{34.02\ g}{1\ mol}$ = 6.09 × 10^{-3} g

i. 몰질량 $C_6H_{12}O_6$ = 180.16 g, 1.22 mmol × $\frac{1\ mol}{10^3\ mmol}$ × $\frac{105.99\ g}{1\ mol}$ = 0.220 g

j. 몰질량 Sn = 118.7 g, 10.6 mol × $\frac{118.7\ g}{1\ mol}$ = 1.26 × 10^3 g

k. 몰질량 SrF_2 = 125.62 g, 0.000301 mol × $\frac{125.62\ g}{1\ mol}$ = 0.0378 g

35. 다음 물질의 밑줄 친 원자의 몰수를 구하라.

a. 에탄올(C_2H_6O) 1.271 g

b. 1,4-다이클로로벤젠($C_6H_4Cl_2$2) 3.982 g

c. 아산화탄소(C_3O_2) 0.4438 g

d. 염화 메틸렌(CH_2Cl_2) 2.910 g

e. 황산 소듐(Na_2SO_4) 2.01 g

f. 아황산 소듐(Na_2SO_3) 2.01 g

g. 황화 소듐(Na_2S) 2.01 g

h. 싸이오황산 소듐($Na_2S_2O_3$) 2.01 g

풀이)

a. 몰질량 C_2H_6O = 46.07 g, 1.271 g × $\frac{1\ mol}{46.07\ g}$ = 0.02759 mol C_2H_6O

0.02759 mol C_2H_6O × $\frac{2\ mol\ C}{1\ mol\ C_2H_6O}$ = 0.05518 mol C

b. 몰질량 $C_6H_4Cl_2$ = 147.0 g, 3.982 g × $\frac{1\ mol}{147.0\ g}$ = 0.027088 mol $C_6H_4Cl_2$

$$0.027088 \text{ mol } C_6H_4Cl_2 \times \frac{6 \text{ mol C}}{1 \text{ mol } C_6H_4Cl_2} = 0.1625 \text{ mol C}$$

c. 몰질량 C_3O_2 = 68.03 g, $0.4438 \text{ g} \times \frac{1 \text{ mol}}{68.03 \text{ g}} = 0.0065236 \text{ mol } C_3O_2$

d. 0.0065236 몰질량 mass of CH_2Cl_2 = 84.93 g, $2.910 \text{ g} \times \frac{1 \text{ mol}}{84.93 \text{ g}} = 0.034264 \text{ mol } CH_2Cl_2$

$$0.034264 \text{ mol } CH_2Cl_2 \times \frac{1 \text{ mol C}}{1 \text{ mol } CH_2Cl_2} = 0.03426 \text{ mol C}$$

e. 몰질량 Na_2SO_4 = 142.1 g, $2.01 \text{ g } Na_2SO_4 \times \frac{1 \text{ mol } Na_2SO_4}{142.1 \text{ g}} \times \frac{1 \text{ mol S}}{1 \text{ mol } Na_2SO_4} = 0.0141 \text{ mol S}$

f. 몰질량 Na_2SO_3 = 126.1 g, $2.01 \text{ g } Na_2SO_3 \times \frac{1 \text{ mol } Na_2SO_3}{126.1 \text{ g}} \times \frac{1 \text{ mol S}}{1 \text{ mol } Na_2SO_3} = 0.0159 \text{ mol S}$

g. 몰질량 Na_2S = 78.05 g, $2.01 \text{ g } Na_2S \times \frac{1 \text{ mol } Na_2S}{78.05 \text{ g}} \times \frac{1 \text{ mol S}}{1 \text{ mol } Na_2S} = 0.0258 \text{ mol S}$

h. 몰질량 $Na_2S_2O_3$ = 158.1 g, $2.01 \text{ g } Na_2S_2O_3 \times \frac{1 \text{ mol } Na_2S_2O_3}{158.1 \text{ g}} \times \frac{2 \text{ mol S}}{1\ Na_2S_2O_3} = 0.0254 \text{ mol S}$

36. 다음 화합물 각 원소들의 질량 백분율을 계산하시오.

a. $HClO_3$ b. UF_4

c. CaH_2 d. Ag_2S

e. $NaHSO_3$ f. MnO_2

g. ZnO h. Na_2S

i. $Mg(OH)_2$ j. H_2O_2

k. CaH_2 l. K_2O

풀이)

a. 몰질량 $HClO_3$ = 84.46 g

$$\% \text{ H} = \frac{1.008 \text{ g H}}{84.46 \text{ g}} \times 100 = 1.193 \text{ \%H}$$

$$\% \text{ Cl} = \frac{35.45 \text{ g Cl}}{84.46 \text{ g}} \times 100 = 41.97 \text{ \%Cl}$$

$$\% \text{ O} = \frac{48.00 \text{ g O}}{84.46 \text{ g}} \times 100 = 56.83 \text{ \%O}$$

b. 몰질량 UF_4 = 314.0 g

$$\% U = \frac{238.0 \text{ g U}}{314.0 \text{ g}} \times 100 = 75.80\% \text{ U}$$

$$\% F = \frac{76.00 \text{ g F}}{314.0 \text{ g}} \times 100 = 24.20\% \text{ F}$$

c. 몰질량 CaH_2 = 42.10 g

$$\% Ca = \frac{40.08 \text{ g C}}{42.10 \text{ g}} \times 100 = 95.21\% \text{ Ca}$$

$$\% H = \frac{2.016 \text{ g H}}{42.10 \text{ g}} \times 100 = 4.789\% \text{ H}$$

d. 몰질량 Ag_2S = 247.9 g

$$\% Ag = \frac{215.8 \text{ g Ag}}{247.9 \text{ g}} \times 100 = 87.06\% \text{ Ag}$$

$$\% S = \frac{32.07 \text{ g S}}{247.9 \text{ g}} \times 100 = 12.94\% \text{ S}$$

e. 몰질량 $NaHSO_3$ = 104.07 g

$$\% Na = \frac{22.99 \text{ g Na}}{104.07 \text{ g}} \times 100 = 22.09\% \text{ Na}$$

$$\% H = \frac{1.008 \text{ g H}}{104.07 \text{ g}} \times 100 = 0.9686\% \text{ H}$$

$$\% S = \frac{32.07 \text{ g S}}{104.07 \text{ g}} \times 100 = 30.82\% \text{ S}$$

$$\% O = \frac{48.00 \text{ g O}}{104.07 \text{ g}} \times 100 = 46.12\% \text{ O}$$

f. 몰질량 MnO_2 = 86.94 g

$$\% Mn = \frac{54.94 \text{ g Mn}}{86.94 \text{ g}} \times 100 = 63.19\% \text{ Mn}$$

$$\% S = \frac{32.00 \text{ g O}}{86.94 \text{ g}} \times 100 = 36.81\% \text{ O}$$

g. 몰질량 ZnO = 81.38 g

$$\% Zn = \frac{65.38 \text{ g Zn}}{81.38 \text{ g}} \times 100 = 80.34\% \text{ Zn}$$

$$\% O = \frac{16.00 \text{ g O}}{81.38 \text{ g}} \times 100 = 19.66\% \text{ O}$$

h. 몰질량 Na_2S = 78.05 g

$$\%Na = \frac{45.98\text{ g Na}}{78.05\text{ g}} \times 100 = 58.91\%\ Na$$

$$\%S = \frac{32.07\text{ g S}}{78.05\text{ g}} \times 100 = 41.09\%\ S$$

i. 몰질량 $Mg(OH)_2$ = 58.33 g

$$\%Mg = \frac{24.31\text{ g Mg}}{58.33\text{ g}} \times 100 = 41.68\%\ Mg$$

$$\%O = \frac{32.00\text{ g O}}{58.33\text{ g}} \times 100 = 54.86\%\ O$$

$$\%H = \frac{2.016\text{ g H}}{58.33\text{ g}} \times 100 = 3.456\%\ H$$

j. 몰질량 H_2O_2 = 34.02 g

$$\%H = \frac{2.016\text{ g H}}{34.02\text{ g}} \times 100 = 5.926\%\ H$$

$$\%O = \frac{32.00\text{ g O}}{34.02\text{ g}} \times 100 = 94.06\%\ O$$

k. 몰질량 CaH_2 = 42.10 g

$$\%Ca = \frac{40.08\text{ g Ca}}{42.10\text{ g}} \times 100 = 95.20\%\ Ca$$

$$\%H = \frac{2.016\text{ g H}}{42.10\text{ g}} \times 100 = 4.789\%\ H$$

l. 몰질량 K_2O = 94.20 g

$$\%K = \frac{78.20\text{ g K}}{94.20\text{ g}} \times 100 =83.01\%\ K$$

$$\%O = \frac{16.00\text{ g O}}{94.20\text{ g}} \times 100 = 16.99\%\ O$$

37. 다음 화합물에서 밑줄 친 원소의 질량 백분율을 구하라.

a. 브로민화 구리(II)($\underline{Cu}Br_2$) b. 브로민화 구리(I)($\underline{Cu}Br$) c. 염화 철(II)($\underline{Fe}Cl_2$)

d. 염화 철(III)($\underline{Fe}Cl_3$) e. 아이오딘화 코발트(II)($\underline{Co}I_2$) f. 아이오딘화 코발트(III)($\underline{Co}I_3$)

g. 산화 주석(II)($\underline{Sn}O$) h. 산화 주석(IV)($\underline{Sn}O_2$) i. 아디프산($\underline{C}_6H_{10}O_4$)

j. 질산 암모늄($\underline{N}H_4NO_3$) k. 카페인($\underline{C}_8H_{10}N_4O_2$) l. 이산화 염소($\underline{Cl}O_2$)

m. 사이클로헥산올($C_6H_{11}OH$) n. 덱스트로스($C_6H_{12}O_6$) o. 에이코세인(eicosane)($C_{20}H_{42}$)

p. 에탄올(C_2H_5OH)

풀이)

a. 몰질량 $CuBr_2$ = 223.35 g, % Cu = $\frac{63.55\ g\ Cu}{223.35\ g}$ × 100 = 28.45% Cu

b. 몰질량 CuBr = 143.45 g, % Cu = $\frac{63.55\ g\ Cu}{143.45\ g}$ × 100 = 44.30% Cu

c. 몰질량 $FeCl_2$ = 126.75 g, % Fe = $\frac{55.85\ g\ Fe}{126.75\ g}$ × 100 = 44.06% Fe

d. 몰질량 $FeCl_3$ = 162.2 g, % Fe = $\frac{55.85\ g\ Fe}{162.2\ g}$ × 100 = 34.43% Fe

e. 몰질량 CoI_2 = 312.73 g, % Co = $\frac{58.93\ g\ Co}{312.73\ g}$ × 100 = 18.84% Co

f. 몰질량 CoI_3 = 439.63 g, % Co = $\frac{58.93\ g\ Co}{439.63\ g}$ × 100 = 13.40% Co

g. 몰질량 SnO = 134.7 g, % Sn = $\frac{118.7\ g\ Sn}{134.7\ g}$ × 100 = 88.12% Sn

h. 몰질량 SnO_2 = 150.7 g, % Sn = $\frac{118.7\ g\ Sn}{150.7\ g}$ × 100 = 78.77% Sn

i. 몰질량 $C_6H_{10}O_4$ = 146.1 g, % C = $\frac{72.06\ g\ C}{146.1\ g}$ × 100 = 49.32% C

j. 몰질량 NH_4NO_3 = 80.05 g, % N = $\frac{28.02\ g\ N}{80.05\ g}$ × 100 = 35.00% N

k. 몰질량 $C_8H_{10}N_4O_2$ = 194.2 g, % C = $\frac{96.09\ g\ C}{194.2\ g}$ × 100 = 49.47% C

l. 몰질량 ClO_2 = 67.45 g, % Cl = $\frac{35.45\ g\ Cl}{67.45\ g}$ × 100 = 52.56% Cl

m. 몰질량 $C_6H_{11}OH$ = 100.2 g, % C = $\frac{72.06\ g\ C}{100.2\ g}$ × 100 = 71.92% C

n. 몰질량 $C_6H_{12}O_6$ = 180.2 g, % C = $\frac{72.06\ g\ C}{180.2\ g}$ × 100 = 39.99% C

o. 몰질량 $C_{20}H_{42}$ = 282.5 g, % C = $\frac{240.2\ g\ C}{282.5\ g}$ × 100 = 85.03% C

p. 몰질량 C_2H_5OH = 46.07 g, % C = $\frac{24.02\text{ g C}}{46.07\text{ g}}$ × 100 = 52.14% C

38. 다음 화합물의 실험식을 구하라.

a. 바륨 89.56%, 산소 10.44%가 포함된 화합물(질량 백분율)

b. 질소 11.64%, 염소 88.36%

c. 붕소 28.03%, 질소 21.86%

d. 주석 45.56%, 염소 54.43%

e. 우라늄 67.61%, 플루오린 32.39%

풀이)

a. 89.56 g Ba × $\frac{1\text{ mol}}{137.3\text{ g}}$ = 0.6253 mol Ba, 10.44 g O × $\frac{1\text{ mol}}{16.00\text{ g}}$ = 0.6525 mol O

$\frac{0.6523\text{ mol Ba}}{0.6523\text{ mol}}$ = 1.000 mol Ba , $\frac{0.6525\text{ mol O}}{0.6523\text{ mol}}$ = 1.000 mol O

실험식 : BaO.

b. 11.64 g N × $\frac{1\text{ mol}}{14.01\text{ g}}$ = 0.8308 mol N, 88.36 g Cl × $\frac{1\text{ mol}}{35.45\text{ g}}$ = 2.493 mol Cl,

$\frac{0.8308\text{ mol N}}{0.8308}$ = 1.000 mol N, $\frac{2.493\text{ mol Cl}}{0.8308\text{ mol}}$ = 3.001 mol Cl

실험식 : NCl_3.

c. 78.14 g B × $\frac{1\text{ mol}}{10.81\text{ g}}$ = 7.228 mol B, 21.86 g H × $\frac{1\text{ mol}}{1.008\text{ g}}$ = 21.69 mol H

$\frac{7.228\text{ mol B}}{7.228\text{ mol}}$ = 1.000 mol B, $\frac{21.69\text{ mol H}}{7.228\text{ mol}}$ = 3.000 mol H

실험식 : BH_3.

d. 45.56 g Sn × $\frac{1\text{ mol}}{118.7\text{ g}}$ = 0.3838 mol Sn, 54.43 g Cl × $\frac{1\text{ mol}}{35.45\text{ g}}$ = 1.535 mol Cl

$\frac{0.3838\text{ mol Sn}}{0.3838\text{ mol}}$ = 1.000 mol Sn, $\frac{1.535\text{ mol Cl}}{0.3838\text{ mol}}$ = 3.999 mol Cl

실험식 : $SnCl_4$.

e. 46.46 g Li × $\frac{1\text{ mol}}{6.941\text{ g}}$ = 6.694 mol Li, 53.54 g O × $\frac{1\text{ mol}}{16.00\text{ g}}$ = 3.346 mol O

$\frac{6.694\text{ mol Li}}{3.346\text{ mol}}$ = 2.001 mol Li, $\frac{3.346\text{ mol O}}{3.346\text{ mol}}$ = 1.000 mol O

실험식 : Li_2O

39. 알루미늄 1.25g을 불수기체 하에서 가열하면 F_2 3.89 g이 알루미늄과 결합하여 생성된 화합물의 실험식을 구하라.

풀이) F: (3.89 g – 1.25 g) = 2.64 g, 1.25 g Al × $\frac{1\ \text{mol}}{26.98\ \text{g}}$ = 0.04633 mol Al

2.64 g F × $\frac{1\ \text{mol}}{19.00\ \text{g}}$ = 0.1389 mol F, $\frac{0.04633\ \text{mol Al}}{0.04633\ \text{mol}}$ = 1.000 mol Al

$\frac{0.1389\ \text{mol F}}{0.04633\ \text{mol}}$ = 2.999 mol F

실험식:AlF_3

40. 질량 백분율로 C: 42.87%, H: 3.598%, O: 28.55%, N: 25.00%인 화합물의 실험식과 분자식을 구하라. (몰질량이 165~170 g)

풀이)

42.87 g C × $\frac{1\ \text{mol}}{12.01\ \text{g}}$ = 3.570 mol C, 3.598 g H × $\frac{1\ \text{mol}}{1.008\ \text{g}}$ = 3.569 mol H

28.55 g O × $\frac{1\ \text{mol}}{16.00\ \text{g}}$ = 1.784 mol O, 25.00 g N × $\frac{1\ \text{mol}}{14.01\ \text{g}}$ = 1.784 mol N

$\frac{3.570\ \text{mol C}}{1.784\ \text{mol}}$ = 2.001 mol C, $\frac{3.569\ \text{mol H}}{1.784\ \text{mol}}$ = 2.001 mol H

$\frac{1.784\ \text{mol O}}{1.784\ \text{mol}}$ = 1.000 mol O, $\frac{1.784\ \text{mol N}}{1.784\ \text{mol}}$ = 1.000 mol N

실험식: C_2H_2ON = 56. n = $\frac{168\ \text{g}}{56\ \text{g}}$ = 3

분자식: $(C_2H_2ON)_3$ = $C_6H_6O_3N_3$.

41. S: 69.6g, N: 30.4g, 이 화합물의 실험식과 분자식을 구하라. (몰질량: 184 g/mol)

풀이)

$69.6\ \text{g S}\ \square\ \frac{1\ \text{mol S}}{32.07\ \text{g S}} = \frac{2.17\ \text{mol S}}{2.17\ \text{mol}} = 1$

$\left(100.0 \square 69.6\right)\ \text{g N}\ \square\ \frac{1\ \text{mol N}}{14.01\ \text{g N}} = \frac{2.17\ \text{mol N}}{2.17\ \text{mol}} = 1$

실험식: SN, (몰질량: 46.08 g/mol.), n = $\frac{184\ \text{g/mol}}{46.08\ \text{g/mol}}$ = 4

분자식: $(SN)_4$ = S_4N_4. (사질화사황)

제3장 수용액과 화학양론

1. 물질의 화학식 뒤에 (g),(l),(s),(aq) 표시는 무엇을 의미 하는가?

풀이) (g): 기체상태 (l): 액체 상태 (s): 고체상태 (aq): 수용성 상태

2. $N_2(g)$ + $3H_2$ (g) -> $2NH_3(g)$ 반응물과 생성물을 구별하라.

풀이) 반응물: N_2, H_2 생성물: NH_3

3. 물에 잘 녹는 화합물이 전해질, 비전해질을 어떻게 구분가능하고, 전해질이라면, 강전해질인지 약전해질인지 어떻게 구분 가능한가?
풀이)

용액에 전류가 흐르는 것을 확인하려면 전도도를 측정하면 된다. 용액이 전도되면 전해질인데, 전도도 값을 비교하여 용액이 강한 전해질인지 약한 전해질인지는 전도도 값으로 구별 가능 하다.

4. 다음 물질을 강전해질, 약전해질, 비전해질로 구분하라.

(a) CH_3COOH (b) KCl (c) NaOH (d) H_2O (e) Ne (f) $Ba(NO_3)_2$ (g) $C_{12}H_{22}O_{11}$ (h) NH_3 (i) HNO_3
풀이)

(a) 약전해질 (b) 강전해질 (c) 강전해질 (d) 약전해질 (e) 비전해질 (f) 강전해질

(g) 비전해질 (h) 약전해질 (i) 강전해질

5. 다음 화합물에 대해 수용성, 불용성으로 답하라.
a. 염화 바륨
b. 수산화 마그네슘
c. 탄산 크로뮴(III)
d. 인산 포타슘

풀이)

a. $BaCl_2$ 수용성

b. $Mg(OH)_2$ 불용성

c. $Cr_2(CO_3)_3$ 불용성

d. K_3PO_4 수용성

6. 다음 수용성 화합물과 불용성 화합물을 구별하라.

a. $HgSO_4$ b. $Mn(OH)_2$ c. $Hg(NO_3)_2$

d. $Ca_3(PO_4)_2$ e.$CaCO_3$ f. $ZnSO_4$

g. $AgClO_3$ h. K_2S i. NH_4ClO_4

풀이)

a. $HgSO_4$: 불용성 b. $Mn(OH)_2$: 불용성 c. $Hg(NO_3)_2$: 수용성

d. $Ca_3(PO_4)_2$: 불용성 e. $CaCO_3$: 불용성 f. $ZnSO_4$: 수용성

g. $AgClO_3$: 수용성 h. K_2S : 수용성 i. NH_4ClO_4 : 수용성

7. 다음 수용성 화합물과 불용성 화합물을 구별하라.

a. $CaSO_4$ b. $(NH_4)_2S$ c. $PbCl_2$

d. $(NH_4)_2CO_3$ e.$BaCO_3$ f. Hg_2Cl_2

g. Cr_2S_3 h. $Cu(OH)_2$ i. $Ba(NO_3)_2$

풀이)

a. $CaSO_4$ 불용성 b. $(NH_4)_2S$ 수용성 c. $PbCl_2$ 불용성

d. $(NH_4)_2CO_3$ 수용성 e.$BaCO_3$ 불용성 f. Hg_2Cl_2 불용성

g. Cr_2S_3 불용성 h. $Cu(OH)_2$ 불용성 i. $Ba(NO_3)_2$ 수용성

8. 다음 물질 중 수용성 물질을 골라라.

a. 황화 바륨 b. 황화세슘 c. 황화포타슘

d. 염화은 e. 인산 코발트(III) f. 질산 코발트(III)

g. 염화 스트론튬 h. 탄산 칼슘 i. 인산 암모늄

풀이)

a. 황화 바륨:수용성 b. 황화세슘:수용성 c. 황화포타슘:수용성

d. 염화은:불용성 e. 인산 코발트(III):불용성 f. 질산 코발트(III) :수용성

g. 염화 스트론튬:수용성 h. 탄산 칼슘:불용성 i. 인산 암모늄:수용성

9. 다음 반응식의 이온 반응식과 알짜 이온 반응식을 써라.

a. $AgNO_3^-(aq) + Na_2SO_4\ (aq) \longrightarrow$

b. $BaCl_2(aq) + Zn\ SO_4\ (aq) \longrightarrow$

c. $(NH_4)_2CO_3\ (aq) + CaCl_2\ (aq) \longrightarrow$

풀이)

a. 이온: $2Ag^+(aq) + 2NO_3^-(aq) + 2Na^+(aq) + SO_4^{2-}(aq) \longrightarrow Ag_2SO_4(s) + 2Na^+\ (aq) + 2NO_3^-(aq)$
알짜이온: $2Ag^+\ (aq)\ v\ SO_4^{2-}(aq) \longrightarrow Ag_2SO_4(s)$

b. 이온: $Ba^{2+}\ (aq) + 2Cl^-(aq) + Zn^{2+}\ (aq) + SO_4^{2-}(aq) \longrightarrow BaSO_4(s) + Zn^{2+}\ (aq) + 2Cl^-(aq)$

알짜이온: $Ba^{2+}\ (aq) + SO_4^{2-}(aq) \longrightarrow BaSO_4(s)$

c. 이온:$2NH_4^+\ (aq) + CO_3^{2-}(aq) + Ca^{2+}\ (aq) + 2Cl^-(aq) \longrightarrow CaCO_3(s) + 2NH_4^+\ (aq) + 2Cl^-(aq)$

알짜이온: $Ca^{2+}\ (aq) + CO_3^{2-}(aq) \longrightarrow CaCO_3(s)$

10. 다음 수용액에서 침전 반응의 균형 반응식을 써라.

a. 인산 포타슘(K_3PO_4)과 염화 칼슘($CaCl_2$)

b. 황산(H_2SO_4)과 질산 납(II)[$Pb(NO_3)_2$]

c. 염화 암모늄(NH_4Cl)과 질산 납(II)[$Pb(NO_3)_2$]

d. 황화 암모늄[(NH4)2S]과 염화 철(III)($FeCl_3$)

e. 인산 소듐(Na_3PO_4)과 염화 크로뮴(III)($CrCl_3$)

f. 황산(H_2SO_4)과 염화 바륨($BaCl_2$)

g. 탄산 소듐(Na3CO_3)과 황산 구리(II)($CuSO_4$)

h. 탄산 포타슘(K_2CO_3)과 염화 주석(IV)($SnCl_4$)

i. 염화 바륨($BaCl_2$)과 질산 칼슘[$Ca(NO_3)_2$]

j. 황산 구리(II)($CuSO_4$)와 수산화 포타슘(KOH)

k. 염산(HCl)과 아세트산 은($AgC_2H_3O_2$)

l. 염화 암모늄(NH_4Cl)과 황산(H_2SO_4)

풀이)

a. $2K_3PO_4(aq) + 3CaCl_2(aq) \rightarrow 6KCl(aq) + Ca_3(PO_4)_2(s)$

b. $H_2SO_4(aq) + Pb(NO_3)_2(aq) \rightarrow 2HNO_3(aq) + PbSO_4(s)$

c. $2NH_4Cl(aq) + Pb(NO_3)_2(aq) \rightarrow PbCl_2(s) + 2NH_4NO_3(aq)$

d. $3(NH_4)_2S(aq) + 2FeCl_3(aq) \rightarrow Fe_2S_3(s) + 6NH_4Cl(aq)$

e. $Na_3PO_4(aq) + CrCl_3(aq) \rightarrow CrPO_4(s) + 3NaCl(aq)$

f. $H_2SO_4\ (aq) + BaCl_2\ (aq) \rightarrow BaSO_4(s) + 2HCl(aq)$

g. $Na_2CO_3(aq) + CuSO_4(aq) \rightarrow Na_2SO_4(aq) + CuCO_3(s)$

h. $2K_2CO_3(aq) + SnCl_4(aq) \rightarrow Sn(CO_3)_2(s) + 4KCl(aq)$

i. 침전 안생김

j. $CuSO_4(aq) + 2KOH(aq) \rightarrow Cu(OH)_2(s) + K_2SO_4(aq)$

k. $HCl(aq) + AgC_2H_3O_2(aq) \rightarrow HC_2H_3O_2(aq) + AgCl(s)$

l. $NH_4Cl(aq) + H_2SO_4(aq) \rightarrow$ 침전 안생김

11. 다음 반응에 대한 균형 반응식을 쓰고, 이온 반응식, 알짜이온 반응식을 써라.

a. $CH_3COOH(aq) + KOH(aq) \longrightarrow$

b. $HNO_3(aq) + Ba(OH)_2(aq) \longrightarrow$

c. $HClO_4(aq) + Mg(OH)_2(s) \longrightarrow$

d. $HBr^-(aq) + NH_3(aq) \longrightarrow$

e. $H_2CO_3(aq) + NaOH(aq) \longrightarrow$

f. $Ba(OH)_2\ (aq) + H_3PO_4(aq) \longrightarrow$

풀이)

a. 이온: $CH_3COOH(aq) + K^+(aq) + OH^-(aq) \longrightarrow CH_3COO^-(aq) + K^+(aq) + H_2O(l)$

알짜이온: $CH_3COOH(aq) + OH^-(aq) \longrightarrow CH_3COO^-(aq) + H_2O(l)$

b. 이온: $2H^+(aq) + 2NO_3^-(aq) + Ba^{2+}(aq) + 2OH^-(aq) \longrightarrow Ba^{2+}(aq) + 2NO_3^-(aq) + 2H_2O(l)$

알짜이온: $2H^+(aq) + 2OH^-(aq) \longrightarrow 2H_2O(l)$, $H^+(aq) + OH^-(aq) \longrightarrow H_2O(l)$

c. 이온: $2H^+(aq) + 2ClO_4^-(aq) + Mg(OH)_2(s) \longrightarrow Mg^{2+}(aq) + 2ClO_4^-(aq) + 2H_2O(l)$

알짜이온: $2H^+(aq) + Mg(OH)_2(s) \longrightarrow Mg^{2+}(aq) + 2H_2O(l)$

d. 이온: $H^+(aq) + Br^-(aq) + NH_3(aq) \longrightarrow NH_4^+(aq) + Br^-(aq)$

알짜이온: $H^+(aq) + NH_3(aq) \longrightarrow NH_4^+(aq)$

e. 이온: $H_2CO_3(aq) + 2Na^+(aq) + 2OH^-(aq) \longrightarrow 2Na^+(aq) + CO_3^{2-}(aq) + 2H_2O(l)$

알짜이온:$H_2CO_3(aq) + 2OH^-(aq) \longrightarrow CO_3^{2-}(aq) + 2H_2O(l)$

f. 이온: $3Ba^{2+}(aq) + 6OH^-(aq) + 2H_3PO_4(aq) \longrightarrow Ba_3(PO_4)_2(s) + 6H_2O(l)$

알짜이온: $3Ba^{2+}(aq) + 6OH^-(aq) + 2H_3PO_4(aq) \longrightarrow Ba_3(PO_4)_2(s) + 6H_2O(l)$

12. 크로뮴산 이온(CrO_4^{2-})과 Cu^{2+}, Co^{3+}, Ba^{2+}, Fe^{3+} 이온들 사이의 반응에 대한 균형 맞춘 반응식을 써라.

풀이)

$Cu^{2+}(aq) + CrO_4^{2-}(aq) \rightarrow CuCrO_4(s)$

$Co^{3+}(aq) + CrO_4^{2-}(aq) \rightarrow Co_2(CrO_4)_3(s)$

$Ba^{2+}(aq) + CrO_4^{2-}(aq) \rightarrow BaCrO_4(s)$

$Fe^{3+}(aq) + CrO_4^{2-}(aq) \rightarrow Fe_2(CrO_4)_3(s)$

13. 다음 용액들에 대해 침전 형성의 알짜 이온 반응식을 써라.

a. 질산 은과 염화 소듐
b. 질산 코발트(II)와 수산화 소듐
c. 인산 암모늄과 수산화 포타슘
d. 황산 구리(II)와 탄산 소듐
e. 황산 리튬과 수산화 바륨

f. 인산 소듐과 염화 바륨
g. 황산 아연과 수산화 포타슘
h. 황산 암모늄과 염화 소듐
i. 질산 코발트(III)와 인산 소듐

풀이)

a. 존재 이온: Ag^+, NO_3^-, Na^-, Cl^-

가능침전:AgCl, $NaNO_3$

알짜 이온 반응식: $Ag^+(aq) + Cl^-(aq) \rightarrow AgCl(s)$

b. 존재 이온: Co^{2+}, NO_3^-, Na^+, OH^-

가능침전:$Co(OH)_2$, $NaNO_3$

알짜 이온 반응식: $Co^{2+}(aq) + 20H^-(aq) \rightarrow Co(OH)_2(S)$

c. 존재 이온: NH_4^+, PO_4^{3-}, K^+, OH^-,

가능침전:NH_4OH, K_3PO_4

침전 없음

d. 존재 이온: Cu2+, SO_4^{2-}, Na^+, CO_3^{2-}

가능침전:$CuCO_3$, Na_2SO_4

알짜 이온 반응식: Cu^{2+} (aq) + CO_3^{2-} (aq) → $CuCO_3$(s)

e. 존재 이온: Li^+, SO_4^{2-} Ba^{2+}, OH^-

가능침전:LiOH, $BaSO_4$

알짜 이온 반응식: Ba^{2+}(aq) + SO_4^{2-}(aq) → $BaSO_4$(s)

f. Ions present: Na^+, PO_4^{3-}, Ba^{2+}, Cl^-

가능침전:$Ba_3(PO_4)_2$, NaCl

알짜 이온 반응식: $3Ba^{2+}$(aq) + $2PO_4^{3-}$ (aq) → $Ba_3(PO_4)_2$(s)

g. Zn^{2+}, SO_4^{2-}, K^+, OH^-

가능침전:$Zn(OH)_2$, K_2SO_4

알짜 이온 반응식: Zn^{2+}(aq) + $2OH^-$ (aq) → $Zn(OH)_2$(S)

h. 존재 이온: NH_4^+, SO_4^{2-}, Na^+, Cl^-

가능침전:NH_4Cl, Na_2SO_4

I. 존재 이온: Co^{3+}, NO_3^-, Na^+, PO_4^{3-}

가능침전:$CoPO_4$, $NaNO_3$

알짜 이온 반응식: Co^{3+}(aq) + PO_4^{3-} (aq) → $CoPO_4$(s)

14. 옥살산 소듐($Na_2C_2O_4$)과 염화 칼슘($CaCl_2$) 수용액의 반응에서 균형 맞춘 반응식을 써라.

풀이) Ca^{2+}(aq) + $C_2O_4^{2-}$(aq) → CaC_2O_4(s)

15. Co(II), Co(III), Fe(II), Fe(III) 이온과 황화 이온(S^{2-})의 반응에서 균형 맞춘 반응식을 써라.

풀이)

Co^{2+}(aq) + S^{2-}(aq) → CoS(s)

$2Co^{3+}(aq) + 3S^{2-}(aq) \rightarrow Co_2S_3(s)$

$Fe^{2+}(aq) + S^{2-}(aq) \rightarrow FeS(s)$

$2Fe^{3+}(aq) + 3S^{2-}(aq) \rightarrow Fe_2S_3(s)$

16. 황의 산화수가 증가하는 순으로 다음 화학종을 나열하라.

a. H_2S　　b. S_8　　c. H_2SO_4　　d. S^{2-}

e. HS_2　　f. SO_2　　g. SO_3

풀이)

H_2S (–2), S^{2-} (–2), HS^- (–2) < S_8 (0) < SO_2 (+4) < SO_3 (+6), H_2SO_4 (+6)

17. 다음 밑줄 친 원자의 산화수를 써라.

a. $\underline{Cl}F$　　b. $\underline{I}F_7$　　c. $\underline{C}H_4$　　d. $\underline{C}_2H_2$

e. $\underline{C}_2H_4$　　f. $K_2\underline{Cr}O_4$　　g. $K_2\underline{Cr}_2O_7$　　h. $K\underline{Mn}O_4$

i. $NaH\underline{C}O_3$　　j. $\underline{Li}_2$　　k. $Na\underline{I}O_3$　　l. $K\underline{O}_2$

풀이)

a. $\underline{Cl}F$: F –1, $\underline{Cl}$ +1　　b. $\underline{I}F_7$: F –1, $\underline{I}$ +7

c. $\underline{C}H_4$: H +1, $\underline{C}$ –4　　d. $\underline{C}_2H_2$: H +1, $\underline{C}$ –1

e. $\underline{C}_2H_4$: H +1 , $\underline{C}$ –2　　f. $K_2\underline{Cr}O_4$: K +1, O –2, $\underline{Cr}$ +6

g. $K_2\underline{Cr}_2O_7$: K +1, O –2 , $\underline{Cr}$ +6　　h. $K\underline{Mn}O_4$: K +1 , O –2 , $\underline{Mn}$ +7

i. $NaH\underline{C}O_3$: Na +1 , H +1 , O –2, $\underline{C}$ +4　　j. $\underline{Li}_2$: $\underline{Li}$ 0

k. $Na\underline{I}O_3$: Na +1, O –2 , $\underline{I}$ +5　　l. $K\underline{O}_2$: K +1 , $\underline{O}$ –1/2

18. 다음 밑줄 친 원자의 산화수를 써라.

a. $\underline{Cs}_2O$　　b. $Ca\underline{I}_2$　　c. $\underline{Al}_2O_3$　　d. $H_3\underline{As}O_3$

e. $\underline{Ti}O_2$　　f. $\underline{Mo}O_4^{2-}$　　g. $\underline{Pt}Cl_4^{2-}$　　h. $\underline{Pt}Cl_6^{2-}$

i. $\underline{Sn}F_2$　　j. $\underline{Cl}F_3$　　k. $\underline{Sb}F_6^-$　　l. $\underline{P}F_6^-$:

풀이)

A. $\underline{Cs}_2O$ +1　　b. $Ca\underline{I}_2$, –1　　c. $\underline{Al}_2O_3$, +3　　d. $H_3\underline{As}O_3$, +3

e. $\underline{Ti}O_2$, +4　　f. $\underline{Mo}O_4^{2-}$, +6　　g. $\underline{Pt}Cl_4^{2-}$, +2　　h. $\underline{Pt}Cl_6^{2-}$, +4

i. $\underline{Sn}F_2$, +2　　j. $\underline{Cl}F_3$, +3　　k. $\underline{Sb}F_6^-$, +5　　l. $\underline{P}F_6^-$, +5

19. 다음 분자와 이온에서 밑줄 친 원자의 산화수를 쓰시오.

a. $Mg_3\underline{N}_2$ b. $Cs\underline{O}_2$ c. $Ca\underline{C}_2$ d. $\underline{C}O_3^{2-}$

e. $\underline{C}_2O_4^{2-}$ f. $Zn\underline{O}_2^{2-}$ g. $Na\underline{B}H_4$ h. $\underline{W}O_4^{2-}$

풀이)

a. N: –3 b. O: –1/2 c. C: –1 d. C: +4

e. C: +3 f. O: –2 g. B: +3 h. W: +6

20. 다음 화학식에 균형을 맞춰라.

a. $B_2O_3(s) + Mg(s) \rightarrow B(g) + MgO(s)$

b. $N_2H_4(l) \rightarrow N_2(g) + H_2(g)$

c. $H_2O_2 \rightarrow H_2O + O_2$

d. $Zn(s) + CuSO_4(aq) \rightarrow ZnSO_4(aq) + Cu(s)$

e. $CaCO_3(s) + HCl(aq) \rightarrow CaCl_2(aq) + H_2O(l) + CO_2(g)$

f. $P_4(s) + Cl_2(g) \rightarrow PCl_3(s)$

g. $NH_4NO_3(s) \rightarrow N_2O(g) + H_2O(g)$

h. $NO(g) + O_3(g) \rightarrow NO_2(g) + O_2(g)$

i. $Xe(g) + F_2(g) \rightarrow XeF_4(s)$

j. $CH_4(g) + Cl_2(g) \rightarrow CCl_4(l) + HCl(g)$

k. $NH_3(g) + O_2(g) \rightarrow HNO_3(aq) + H_2O(l)$

풀이)

a. $B_2O_3(s) + 3Mg(s) \rightarrow B_2 (g) + 3MgO(s)$

b. $N_2H_4(l) \rightarrow N_2(g) + 2H_2(g)$

c. $2H_2O_2 \rightarrow 2H_2O + O_2$

d. $Zn(s) + CuSO_4(aq) \rightarrow ZnSO_4(aq) + Cu(s)$

e. $2CaCO_3(s) + 4HCl(aq) \rightarrow 2CaCl_2(aq) + 2H_2O(l) + 2CO_2(g)$

f. $P_4(s) + 6Cl_2(g) \rightarrow 4PCl_3(s)$

g. $NH_4NO_3(s) \rightarrow N_2O(g) + 2H_2O(g)$

h. $NO(g) + O_3(g) \rightarrow NO_2(g) + 2O_2(g)$

i. $Xe(g) + 2F_2(g) \rightarrow XeF_4(s)$

j. $CH_4(g) + 2Cl_2(g) \rightarrow CCl_4(l) + 4HCl(g)$

k. $2NH_3(g) + 4O_2(g) \rightarrow 2HNO_3(aq) + 2H_2O(l)$

21. 다음 화학식에 균형을 맞춰라.

a. $FeS(s) + HCl(aq) \rightarrow FeCl_2(aq) + H_2S(g)$

b. $Li_2O(s) + H_2O(l) \rightarrow LiOH(aq)$

c. $FeCl_3(aq) + 3KOH(aq) \rightarrow Fe(OH)_3(s) + KCl(aq)$

d. K(s) + H2O(l)-> 2 H2(g)+ KOH(aq)

e $2Sb(s) + 3Cl_2(g) \rightarrow SbCl_3(s)$

f. $NH_3(g) + O_2(g) \rightarrow NO(g) + H_2O(l)$

g. $NaOH(aq) + HClO_4(aq) \rightarrow NaClO_4(aq) + H_2O(l)$

h. $Na_2SO_4(aq) + CaCl_2(aq) \rightarrow CaSO_4(s) + NaCl(aq)$

i. $Si(s) + S_8(s) \rightarrow Si_2S_4(s)$

j. $Br_2(g) + H_2O(l) + SO_2(g) \rightarrow HBr(aq) + H_2SO_4(aq)$

k. $NaCl(s) + SO_2(g) + H_2O(g) + O_2(g) \rightarrow Na_2SO_4(s) + HCl(g)$

l. $Ba(ClO_3)_2(s) \rightarrow BaCl_2(s) + O_2(s)$

m. $Cl_2O_7(g) + Ca(OH)_2(aq) \rightarrow Ca(ClO_4)_2(aq) + H_2O(l)$

n. $BF_3(g) + H_2O(g) \rightarrow B_2O_3(s) + HF(g)$

풀이)

a. $FeS(s) + 2HCl(aq) \rightarrow FeCl_2(aq) + H_2S(g)$

b. $Li_2O(s) + H_2O(l) \rightarrow 2LiOH(aq)$

c. $FeCl_3(aq) + 3KOH(aq)$ c$\rightarrow Fe(OH)_3(s) + 3KCl(aq)$

d. $2K(s) + 2H_2O(l) \rightarrow H_2 (g) + 2KOH(aq)$

e. $2Sb(s) + 3Cl_2(g) \rightarrow 2SbCl_3(s)$

f. $4NH_3(g) + 5O_2(g) \rightarrow 4NO(g) + 6H_2O(l)$

g. $NaOH(aq) + HClO_4(aq) \rightarrow NaClO_4(aq) + H_2O(l)$

h. $Na_2SO_4(aq) + CaCl_2(aq) \rightarrow CaSO_4(s) + 2NaCl(aq)$

i. $4Si(s) + S_8(s) \rightarrow 2Si_2S_4(s)$

j. $Br_2(g) + 2H_2O(l) + SO_2(g) \rightarrow 2HBr(aq) + H_2SO_4(aq)$

k. $4NaCl(s) + 2SO_2(g) + 2H_2O(g) + O_2(g) \rightarrow 2Na_2SO_4(s) + 4HCl(g)$

l. $Ba(ClO_3)_2(s) \rightarrow BaCl_2(s) + 3O_2(s)$

m. $Cl_2O_7(g) + Ca(OH)_2(aq) \rightarrow Ca(ClO_4)_2(aq) + H_2O(l)$

m. $2BF_3(g) + 3H_2O(g) \rightarrow B_2O_3(s) + 6HF(g)$

22. 다음 화학 반응식에 균형을 맞춰라.

a. $Sr(s) + HNO_3\,(aq) \rightarrow Sr\,(NO_3)_2(aq) + H_2(g)$

b. $Fe_2O_3(s) + HNO_3(aq) \rightarrow Fe(NO_3)_3(aq) + H_2O(l)$

c.$C_2H_5OH(l) + O_2(g) \rightarrow CO_2(g) + H_2O(l)$

d. $CaO(s) + C(s) \rightarrow CaC_2(s) + CO_2(g)$

e. $Ba(NO_3)_2(aq) + Na_2CrO_4(aq) \rightarrow BaCrO_4(s) + NaNO_3(aq)$

f. $BaO_2(s) + H_2SO_4(aq) \rightarrow BaSO_4(s) + H_2O_2(aq)$

g. $AsI_3(s) \rightarrow As(s) + I_2(s)$

h. $MoS_2(s) + O_2(g) \rightarrow MoO_3(s) + SO_2(g)$

i.$KO_2(s) + H_2O(l) \rightarrow KOH(aq) + O_2(g) + H_2O_2(aq)$

j.$PbCl_2(aq) + K_2SO_4(aq) \rightarrow PbSO_4(s) + KCl(aq)$

k$NH_3(g) + O_2(g) \rightarrow NO(g) + H_2O(g)$

l.$PCl_5(l) + H_2O(l) \rightarrow H_3PO_4(aq) + HCl(g)$

m.$C_2H_5OH(l) + O_2(g) \rightarrow CO_2(g) + H_2O(l)$

n. $CaC_2(s) + H_2O(l) \rightarrow Ca(OH)_2(s) + C_2H_2(g)$

o. $CuSO_4(aq) + KI(s) \rightarrow CuI(s) + I_2(s) + K_2SO_4(aq)$

p.$FeCO_3(s) + H_2CO_3(aq) \rightarrow Fe(HCO_3)_2(aq)$

풀이)

a.$Sr(s) + 2HNO_3(aq) \rightarrow Sr(NO_3)_2(aq) + H_2(g)$

b. $Fe_2O_3(s) + 6HNO_3(aq) \rightarrow 2Fe(NO_3)_3(aq) + 3H_2O(l)$

c.$C_2H_5OH(l) + 3O_2(g) \rightarrow 2CO_2(g) + 3H_2O(l)$

d.$2CaO(s) + 5C(s) \rightarrow 2CaC_2(s) + CO_2(g)$

e. $Ba(NO_3)_2(aq) + Na_2CrO_4(aq) \rightarrow BaCrO_4(s) + 2NaNO_3(aq)$

f. $BaO_2(s) + H_2SO_4(aq) \rightarrow BaSO_4(s) + H_2O_2(aq)$

g. $2AsI_3(s) \rightarrow 2As(s) + 3I_2(s)$

h. $2MoS_2(s) + 7O_2(g) \rightarrow 2MoO_3(s) + 4SO_2(g)$

i. $4KO_2(s) + 6H_2O(l) \rightarrow 4KOH(aq) + O_2(g) + 4H_2O_2(aq)$

j. $PbCl_2(aq) + K_2SO_4(aq) \rightarrow PbSO_4(s) + 2KCl(aq)$

k. $4NH_3(g) + 5O_2(g) \rightarrow 4NO(g) + 6H_2O(g)$

l. $PCl_5(l) + 4H_2O(l) \rightarrow H_3PO_4(aq) + 5HCl(g)$

m. $C_2H_5OH(l) + 3O_2(g) \rightarrow 2CO_2(g) + 3H_2O(l)$

n. $CaC_2(s) + 2H_2O(l) \rightarrow Ca(OH)_2(s) + C_2H_2(g)$

o. $2CuSO_4(aq) + 4KI(s) \rightarrow 2CuI(s) + I_2(s) + 2K_2SO_4(aq)$

p.$FeCO_3(s) + H_2CO_3(aq) \rightarrow Fe(HCO_3)_2(aq)$

23. $NaOH\ (aq) + FeNO_3(III)(aq) \rightarrow$

a. 이 반응의 알짜 이온 반응식을 써라.

b. 침전 0.886g을 생성시키기 위한 0.136M 질산 철(III)의 부피는 얼마인가?

c. 50.00mL의 0.200M NaOH용액과 30.00mL의 0.125M $Fe(NO_3)_3$ 용액을 혼합할 때 몇 g의 침전이 생성되겠는가?

풀이)

a. 알짜이온: $Fe^{3+}(aq) + 3OH-(aq) \rightarrow Fe(OH)_3(s)$

b. $Fe(NO_3)_3$ 몰수 $\frac{0.866g}{106.87g} = 0.00829$, $V=\frac{0.00829mol}{0.136mol/l} = 0.0610L$

c. NaOH가 한계 반응물일 경우 침전 몰수: $0.0500L \times \frac{2.00}{3} = 0.00333mol$

$FeNO_3(III)$ 가 한계 반응물일 경우 침전 몰수: $0.0300 \times \frac{0.125}{1} = 0.00375mol$

한계 반응물: NaOH

이론적 수득율: $0.00333mol \times \frac{106.87g}{1mol} = 0.356g$

24. 용액에 표백제인 과산화 수소의 양은 H_2O_2를 다이크로뮴산 포타슘의 산성용액에서 반응시킨 반응식은 다음과 같다. $H_2O_2\ (aq) + Cr_2O_7^{2-}(aq) + H^+(aq) \rightarrow O_2\ (g) + Cr^{3+}(aq) + H_2O$

30.00-g의 H_2O_2와 완전히 반응하는데 75.8 mL의 0.388 M $K_2Cr_2O_7$ 이 필요하였다. 용액 내에는 $K_2Cr_2O_7$와 반응하는 어떤 다른 물질이 없을 때, 표백제에 들어 있는 H_2O_2의 질량 백분율을 구하라.

풀이)

반 반응식: H_2O_2 (aq) → O_2 (g), $Cr_2O_7^{2-}$(aq) → Cr^{3+}(aq)

균형 맞춘 반응식(산성용액):

$Cr_2O_7^{2-}$(aq) + $14H^+$(aq) +$6e^-$ → $2Cr^{3+}$(aq) + $7H_2O$, H_2O_2 (aq) → O_2 (g) + $2e^-$

→ $Cr_2O_7^{2-}$(aq) + $8H^+$(aq) + $3H_2O_2$ (aq) → $2Cr^{3+}$(aq) + $7H_2O$ + O_2 (g)

H_2O_2 질량 = $\frac{75.8\text{mL x } 0.388}{1000\text{mL}}$ 3 x 34.016 =3.00(g)

% H_2O_2 = $\frac{3.00}{30.00}$ x 100 = 10.0%

25. 20.08℃, 792 mmHg 에서 불순물이 포함된 탄산 칼슘 시료 3.00g 을 HCl(aq)에 용해하여 0.656 L 의 CO_2(g)가 생성되었다. 시료 내에 탄산 칼슘의 질량 백분율(%)을 계산하라.

풀이)

균형 맞춘 반응식: $CaCO_3$(s) + 2HCl(aq) ⟶ CO_2(g) + $CaCl_2$(aq) + H_2O(l)

CO_2몰수: $n_{CO_2} = \frac{PV_{CO_2}}{RT}$

$$n_{CO_2} = \frac{\left(792 \text{ mmHg} \times \frac{1 \text{ atm}}{760 \text{ mmHg}}\right)(0.656 \text{ L})}{\left(0.0821 \frac{\text{L}\cdot\text{atm}}{\text{mol}\cdot\text{K}}\right)(20 + 273 \text{ K})} = 2.84 \times 10^{-2} \text{ mol CO}_2$$

CO_2 : $CaCO_3$ 몰비 = 1:1

반응 탄산 칼슘 양 = 2.84 x 10^{-2}mol x $\frac{100.09\text{g}}{1\text{mol}}$ =2.84g

$$\textbf{\% CaCO}_3 = \frac{2.84 \text{ g}}{3.00 \text{ g}} \times 100\% = \textbf{94.7\%}$$

26. 은과 질산의 반응식에 대해 답하라.

Ag(s) + HNO_3 (aq) → Ag^+(aq) + NO_2(g)

a. 이 반응식의 균형을 맞추어라.

b. 12.0 M의 질산 용액 42.50 mL가 반응에 충분한 H1를 제공한다면 은 몇 g이 반응하겠는가?

풀이)

a. 반반응식: Ag(s) → Ag^+(aq), NO_3^-(aq) --> NO_2(g)

균형 맞춘 반응식(산성용액):

NO_3^-(aq) +e^- + $2H^+$ → NO_2(g) + H_2O, Ag(s) --> Ag^+(aq) + e^-,

Ag(s) + NO_3^-(aq) + $2H^+$ → NO_2(g) + H_2O + Ag^+(aq)

b. Ag질량 = $\frac{42.50\text{mL}}{1000\text{mL}}$ x 12.0 x $\frac{107.9\text{g}}{2}$ =27.5g

27. 금은 진한 염산과 진한 질산의 부피 비가 3:1의 혼합물인 왕수에만 녹는다. 금과 진한 산 사이의 반응 생성물은 $AuCl_4^-$(aq), NO(g) 그리고 H_2O이다.

a. HCl과 HNO_3을 센산으로 사용하여 산화-환원 반응의 균형 맞춘 알짜 이온 반응식을 써라.

b 사용된 염산과 질산의 화학량론적인 비는 얼마가 되어야 하는가?

c. 25.0g의 금을 반응시키려고 한다. 반응에 필요한 Cl^-와 NO_3^- 이온을 제공하려면 12M HCl과 16 M HNO_3의 부피는 얼마인가?

풀이)

a. 반반응식: Au(s) +4Cl^- --> $AuCl_4^-$(aq) +3e^-,

4H^+(aq)+ NO_3^-(aq)+3e^- → NO(g)+ 2H_2O

균형 맞춘 반응식(산성용액): Au(s)+4Cl^-+4H^+(aq)+NO_3^-(aq) → $AuCl_4^-$(aq) +NO(g)+ 2H_2O

b. HCl 부피: 25.0g x $\frac{4}{197x12}$ =0042L, HNO_3부피: 25.0 x $\frac{1}{197x16}$ =0.0079L

28. 다음 용액과 완전히 반응하기 위해 필요한 0.2815 M 질산 아연 용액의 부피는 얼마인가?

a. 10.00 mL의 0.5652 M 황산

b. 26.00 g의 탄산 암모늄

c. 28.5 mL의 0.09448 M 탄산 포타슘

풀이)

a. 알짜 이온 반응식: Zn^{2+}(aq) + SO_4^{2-}(aq)→ $ZnSO_4$(s)

$Zn(NO_3)_2$ 부피 = 0.01L H_2SO_4 × (0.1884mol/L) ×(1mol/0.2815)=0.006693(L)

b. 알짜 이온 반응식: Zn^{2+}(aq) + CO_3^{2-}(aq) → $ZnCO_3$(s)

$Zn(NO_3)_2$ 부피== (26.00/96.09) 10.00g$(NH_4)_2CO_3$ ×(1mol/0.2815)=0.3697(L)

c. 알짜 이온 반응식: 3Zn^{2+}(aq) + 2PO_4^{3-}(aq) → $Zn_3(PO_4)_2$(s)

$Zn(NO_3)_2$ 부피= 0.0285L K_3PO_4 × 0.9448mol/L ×(3/2) ×(1mol/0.2815)=0.1435(L)

29. 알루미늄 이온과 탄산 이온이 반응하면 물에 녹지 않는 탄산 알루미늄 이 생성된다.

a. 이 반응의 알짜 이온 반응식을 써라.

b. 0.137 M 탄산 소듐 용액 35.5 mL와 완전히 반응하기 위해 염화 알루미늄 용액 30.0 mL가 필요하다면 이 용액의 몰농도는 얼마인가?

풀이)

a. 알짜 이온 반응식: 2Al^{3+} (aq) + 3CO_3^{2-} (aq) → $Al_2(CO_3)_3$(s)

b. mol $AlCl_3$ = 0.035.5L Na_2CO_3 × 0.137mol/L × (2/3) =0.00324mol

$AlCl_3$ 부피 : 0.0300L

M = 0.00324mol/L = = 0.108M

30. 바퀴벌레의 살충제에는 붕산, H3BO3이 포함되어 있다. 붕산과 염기의 중화 반응식은 다음과 같다. 2.677 g의 살충제 시료를 뜨거운 물에 녹였다. 이 용액을 완전히 중화하는데 70.19 mL의 0.815 M Ba(OH)2가 필요하였다. 살충제에 들어 있는 붕산의 질량 백분율은 얼마인가?

$$H_3BO_3(aq) + 3OH^-(aq) \rightarrow BO_3^{3-}(aq) + 3H_2O$$

풀이) 알짜 이온 반응식: $H_3BO_3(aq) + 3OH^-(aq) \rightarrow BO_3^{3-}(aq) + 3H_2O$

Mass H_3BO_3

$$70.19\text{mL}\ Ba(OH)_2 \times \frac{1L}{1000mL} \times \frac{0.815mol\ Ba(OH)_2}{1L\ Ba(OH)_2} \times \frac{2mol\ OH^-}{1mol\ Ba(OH)_2} \times \frac{1mol\ H_3BO_3}{3mol\ OH^-} \times \frac{31.83g\ H_3BO_3}{1mol\ H_3BO_3}$$
$$= 2.36g\ H_3BO_3$$

붕산의 질량 백분율: (2.36/2.677) × 100(%) =88.16%

31. 락트산($C_3H_6O_3$)은 신 우유 속에 들어 있는 산이다. 0.100-g의 순수한 락트산 시료를 중화하기 위하여서는 0.137M의 수산화 소듐 용액 8.09 mL 가 필요하다. 15 mol의 락트산을 중화하기 위해서는 몇 몰의 수산화 이온이 필요한가?

풀이)

mol $C_3H_6O_3$: $0.100g\ C_3H_6O_3 \times \frac{1mol\ C_3H_6O_3}{90.08g\ C_3H_6O_3} = 1.11 \times 10^{-3}\ mol\ C_3H_6O_3$

mol OH^-: $12.95mL\ NaOH \times \frac{1L}{1000mL} \times \frac{0.0857mol\ NaOH}{1L\ NaOH} \times \frac{1mole\ OH^-}{1mol\ NaOH} = 1.11 \times 10^{-3} mol\ OH^-$

32. 다음의 반쪽 반응들이 산화 반응인지 환원 반응인지를 분류하라.

a. $CH_3OH(aq) \rightarrow CO_2(g)$

b. $NO_3^-(aq) \rightarrow NH_4^+(aq)$

c. $Fe^{3+} \rightarrow Fe(s)$

d. $V^{2+}(aq) \rightarrow VO_3^-(aq)$

풀이)

a . $CH_3OH(aq) \rightarrow CO_2(g)$

C: 산화수 -2 → +4, 산화반응

b. $NO_3^-(aq) \rightarrow NH_4^+(aq)$

N: 산화수 +5 → -3, 환원 반응

c. $Fe^{3+} \rightarrow Fe(s)$

Fe: 산화수 +3 → -0, 환원 반응

d. $V^{2+}(aq) \rightarrow VO_3^-(aq)$

V: 산화수 +2 → +5, 산화반응

33. 일반적인 강산과 강염기 세 종류의 이름과 화학식을 쓰시오.

풀이)

산: HCl, H_2SO_4, HNO_3, $HClO_4$, HBr

염기: NaOH, KOH, RbOH, CsOH

34. 다음 화합물들을 산, 약산, 약염기, 강상, 강염기를 구별하라.

a. 과염소산:$HClO_4$　b. 탄산: H_2CO_3　c. 수산화 바륨:$Ba(OH)_2$
d. 아황산:SO_3　e. 아이오딘산:HI　f. 암모니아:NH_3
g. 하이포아염소산:HClO　h. 포름산: $HCHO_2$　i. 아세트산: HC_2O_3 H_2
j. 브로민산:HBr　k. 질산: HNO_3　l. 황산:H_2SO_4

풀이)

a. 과염소산: 강산　b. 탄산:약산　c. 수산화 바륨: 강염기
d. 아황산: 약산　e. 아이오딘산:강산　f. 암모니아:약염기
g. 하이포아염소산:약산　h. 포름산: 약산　i. 아세트산: 약산
j. 브로민산:강산　k. 질산: 강산　l. 황산:강산

35. 다음 강산의 이온을 생성과정의 균형 반응식을 써라.

HCl(aq), HNO_3(aq), H_2SO_4(aq), $HClO_4$(aq)

풀이)

$HCl(aq) \rightarrow H^+(aq) + Cl^-(aq)$

$HNO_3(aq) \rightarrow H^+(aq) + NO_3^-(aq)$

$H_2SO_4(aq) \rightarrow H^+(aq) + HSO_4^-(aq)$

$HClO_4(aq) \rightarrow H^+(aq) + ClO_4^-(aq)$

36. 다음 강산/강염기 반응에서 생성되는 염을 써라

a. $HClO_4(aq) + NaOH(aq) \rightarrow$

b. $HBr(aq) + CsOH(aq) \rightarrow$

c. $HCl(aq) + KOH(aq) \rightarrow$

d. $RbOH(aq) + HNO_3(aq) \rightarrow$

풀이)

a. $HClO_4(aq) + NaOH(aq) \rightarrow H_2O(l) + NaClO_4(aq)$

b. $HBr(aq) + CsOH(aq) \rightarrow H_2O(l) + CsBr(aq)$

c. $HCl(aq) + KOH(aq) \rightarrow H_2O(l) + KCl(aq)$

d. $RbOH(aq) + HNO_3(aq) \rightarrow H_2O(l) + RbNO_3(aq)$

37. 물에서 다음 산-염기 반응에 대한 균형 맞춘 알짜 이온 반응식을 써라.

a. 포름산($HCHO_2$)과 수산화 바륨($Ba(OH)_2$)
b. 트라이에틸아민 $(C_2H_5)_3N$과 질산(HNO_3)
c. 아이오딘산(HI)과 수산화 포타슘(KOH)

d. 수산화 스트론튬($Sr(OH)_2$)과 사이안산(HCN)

e. 암모니아(NH_3)와 아이오딘산(HI)
f. 염산(HCl)과 피리딘(C5H5N)
g. 수산화 포타슘(KOH)과 플루오린산(HF)

h. 황산(H_2SO_4)과 수산화 루비듐(RbOH)

풀이)
a. 포름산($HCHO_2$)과 수산화 바륨($Ba(OH)_2$): $HCHO_2(aq) + OH^-(aq) \rightarrow H_2O + CHO_2^-(aq)$
b. 트라이에틸아민 $(C_2H_5)_3N$과 질산(HNO_3): $H^+(aq) + (C_2H_5)_3N(aq) \rightarrow (C_2H_5)_3NH(aq)$
c. 아이오딘산(HI)과 수산화 포타슘(KOH): $H^+ (aq) + OH^-(aq) \rightarrow H_2O$
d. 수산화 스트론튬과 사이안산: $OH^-(aq) + HCN(aq) \rightarrow CN^-(aq) + H_2O$
e. 암모니아(NH_3)와 아이오딘산(HI): $H^+ (aq) + NH_3(aq) \rightarrow NH_4^+(aq)$
f. 염산(HCl)과 피리딘(C5H5N): H^+ (aq) + C5H5N(aq) $\rightarrow$ C5H5NH$^+$(aq)
g. 수산화 포타슘(KOH)과 플루오린산(HF): $OH^-(aq) + HF(aq) \rightarrow F^-(aq) + H_2O$
h. 황산(H_2SO_4)과 수산화 루비듐(RbOH): $H^+ (aq) + OH^-(aq) \rightarrow H_2O$

38. 다음 산화-환원 반응의 균형을 맞추시오.

a. $P_4(s) + O_2(g) \rightarrow P_4O_{10}(s)$

b. $MgO(s) + C(s) \rightarrow Mg(s) + CO(g)$

c. $Sr(s) + H_2O(l) \rightarrow Sr(OH)_2(aq) + H_2(g)$

d. $Co(s) + HCl(aq) \rightarrow CoCl_2(aq) + H_2(g)$

풀이)

a. $P_4(s) + 5O_2(g) \rightarrow P_4O_{10}(s)$

b. $MgO(s) + C(s) \rightarrow Mg(s) + CO(g)$

c. $Sr(s) + 2H_2O(l) \rightarrow Sr(OH)_2(aq) + H_2(g)$

d. $Co(s) + 2HCl(aq) \rightarrow CoCl_2(aq) + H_2(g)$

39. 다음 균형 맞추지 않은 반응식을 어떤 종류의 반응인지 분류하시오. 침전 반응, 산-염기 반응, 산화-환원 반응(둘 이상에 속할 수 있음).

a. $H_2O_2 (aq) \rightarrow H_2O(l) + O_2(g)$

b. $H_2SO_4 (aq) + Zn(s) \rightarrow ZnSO_4 (aq) + H_2(g)$

c. $H_2SO_4 (aq) + NaOH(aq) \rightarrow Na_2SO_4 (aq) + H_2O (l)$

d. $H_2SO_4 (aq) + Ba(OH)_2(aq) \rightarrow Ba_2SO_4 (s) + H_2O (l)$

e. $AgNO_3(aq) + CuCl_2(g) \rightarrow Cu(NO_3)_2(aq) + AgCl(s)$

f. $KOH(aq) + CuSO_4(aq) \rightarrow Cu(OH)_2(s) + K_2SO_4\ (aq)$

g. $Cl_2(g) + F_2(g) \rightarrow ClF(g)$

h. $Ca(OH)_2(s) + HNO_3(aq) \rightarrow Ca(NO_3)_2(aq) + H_2O\ (l)$

풀이)

a. 산화-환원 반응

b. 산화-환원 반응

c. 산-염기 반응

d. 산-염기 반응

e. 침전 반응

f. 침전 반응

g. 산화-환원 반응

h. 산화-환원 반응

i. 산-염기 반응

40. 다음 각 연소 반응을 완성하고 균형을 맞추시오.

a. $CH_4(g) + O_2(g) \rightarrow CO_2(g) + 2H_2O(g)$

b. $C_2H_2(g) + O_2(g) \rightarrow 4CO_2(g) + 2H_2O(l)$

c. $C_{10}H_8(s) + O_2(g) \rightarrow 10CO_2(g) + 4H_2O(l)$

풀이)

a. $CH_4(g) + 2O_2(g) \rightarrow CO_2(g) + 2H_2O(g)$

b. $C_2H_2(g) + 5O_2(g) \rightarrow 4CO_2(g) + 2H_2O(l)$

c. $C_{10}H_8(s) + 12O_2(g) \rightarrow 10CO_2(g) + 4H_2O(l)$

41. 0.299M 메틸아민 25.00mL를 중화시키기 위해 필요한 0.1519M 황산 용액의 부피는 몇 mL인가?

풀이)

황산 몰수: $\frac{25\text{mL}}{1000\text{mL}}$ x 0.299 x $\frac{1}{2}$ =0.00374몰

황산 부피: $\frac{0.00374\ \text{mol}}{0.1519\ \text{M}}$ = 0.0246L

42. 다음과 반응하기 위해 필요한 0.885M 염산 용액의 부피는 얼마인가?

a. 0.288M의 암모니아 용액 25.00mL

b. 10.00g의 수산화 소듐

c. 질량비로 10.0%의 메틸아민(CH_3NH_2)이 들어 있는 용액 25.0mL(d = 0.928g/cm3)

풀이)

a. 알짜 이온 반응식: $H^+(aq) + NH_3(aq) \rightarrow NH_4^+(aq)$

HCl몰수: $\frac{25}{1000}$ x 0.288=0.00720(몰)

필요한 HCl부피: $\frac{0.00720mol}{0.885M}$ =0.00814L

b. 알짜 이온 반응식: $H^+(aq) + OH^-(aq) \rightarrow H_2O$

c. HCl 몰수: $\frac{10g}{40g}$ =0.250몰,

필요한 HCl부피: $\frac{0.250mol}{0.885M}$ = 0.282L

d. 알짜 이온 반응식: $CH_3NH_2\ (aq) + H^+(aq) \rightarrow CH_3NH_3^+\ (aq)$

CH_3NH_2질량: 25.0ml x 0.928 x $\frac{10}{100}$ =2.32g

HCl몰수: $\frac{2.32g}{31.06g}$ = 0.0747몰

필요한 HCl부피: $\frac{0.0747mol}{0.885M}$ = 0.0844L

43. 다음 산화-환원 반응의 균형을 맞추시오.

a. $Co(s) + HCl(aq) \rightarrow CoCl_2(aq) + H_2(g)$

b. $P_4(s) + O_2(g) \rightarrow P_4O_{10}(s)$

c. $Sr(s) + H_2O(l) \rightarrow Sr(OH)_2(aq) + H_2(g)$

d. $Cu(s) + O_2(g) \rightarrow Cu_2O(s)$

e. $Al(s) + H_2SO_4(aq) \rightarrow Al_2(SO_4)_3(aq) + H_2(g)$

f. $MgO(s) + C(s) \rightarrow Mg(s) + CO(g)$

g. $Na(s) + H_2O(l) \rightarrow NaOH(aq) + H_2(g)$

h. $Co(s) + Br_2(l) \rightarrow CoBr_3(s)$

i. $Zn(s) + HClO_4(aq) \rightarrow Zn(ClO_4)_2(aq) + H_2(g)$

j. $Cu(s) + AgNO_3(aq) \rightarrow Cu(NO_3)_2(aq) + Ag(s)$

풀이)

a. $Co(s) + 2HCl(aq) \rightarrow CoCl_2(aq) + H_2(g)$

b. $P_4(s) + 5O_2(g) \rightarrow P_4O_{10}(s)$

c. $Sr(s) + 2H_2O(l) \rightarrow Sr(OH)_2(aq) + H_2(g)$

d. $4Cu(s) + O_2(g) \rightarrow 2Cu_2O(s)$: Cu -산화, O -환원

e. $2Al(s) + 3H_2SO_4(aq) \rightarrow Al_2(SO_4)_3(aq) + 3H_2(g)$: Al -산화, H -환원

f. $MgO(s) + C(s) \rightarrow Mg(s) + CO(g)$

g. $2Na(s) + 2H_2O(l) \rightarrow 2NaOH(aq) + H_2(g)$: Na -산화, H -환원

h. $2Co(s) + 3Br_2(l) \rightarrow 2CoBr_3(s)$:Co -산화, Br –환원

i. $Zn(s) + 2HClO_4(aq) \rightarrow Zn(ClO_4)_2(aq) + H_2(g)$

j. $Cu(s) + 2AgNO_3(aq) \rightarrow Cu(NO_3)_2(aq) + 2Ag(s)$

44. 0.100M 용액 2.50 × 102mL를 만들기 위해서는 다음 각 용질 몇 g이 필요할까?

a. 아이오딘화 세슘(CsI), b. 황산(H_2SO_4), c. 탄산 소듐(Na_2CO_3),

d. 중크로뮴산 포타슘($K_2Cr_2O_7$), e. 과망간산 포타슘($KMnO_4$).

풀이)

a. $0.0250 \text{ mol CsI} \times \dfrac{259.8 \text{ g CsI}}{1 \text{ mol CsI}} = \mathbf{6.50 \text{ g CsI}}$

b. $0.0250 \text{ mol} H_2SO_4 \times \dfrac{98.09 \text{ g } H_2SO_4}{1 \text{ mol } H_2SO_4} = \mathbf{2.45 \text{ g } H_2SO_4}$

c. $0.0250 \text{ mol } Na_2CO_3 \times \dfrac{105.99 \text{ g } Na_2CO_3}{1 \text{ mol } Na_2CO_3} = \mathbf{2.65 \text{ g } Na_2CO_3}$

d. $0.0250 \text{ mol } K_2Cr_2O_7 \times \dfrac{294.2 \text{ g } K_2Cr_2O_7}{1 \text{ mol } K_2Cr_2O_7} = \mathbf{7.36 \text{ g } K_2Cr_2O_7}$

e. $0.0250 \text{ mol } KMnO_4 \times \dfrac{158.04 \text{ g } KMnO_4}{1 \text{ mol } KMnO_4} = \mathbf{3.95 \text{ g } KMnO_4}$

제 4 장 기체, 액체

1. 아래 표에 빈칸을 채워라.

	mm Hg	atm	psi	kPa
a.	______	______	19.6	______
b.	______	______	______	158.8
c.	699	______	______	______
d.	______	1.112	______	______

2. 1.013 bar= 1 atm = 760 mm Hg = 14.7 psi = 101.3 kPa

1 bar = 10^5 Pa

	mmHg	atm	psi	kPa
a.	1.01×10^3	1.33	19.6	135.1
b.	1191	1.567	23.0	158.8
c.	699	0.920	13.5	93.2
d.	845.1	1.112	16.3	112.6

a. 19.6 psi × $\frac{760\ mmHg}{14.7\ psi}$ = 1.01×10^3 mmHg

19.6 psi × $\frac{1\ atm}{14.7\ psi}$ = 1.33 atm

19.6 psi × $\frac{101.325\ kPa}{14.7\ psi}$ = 135.1kPa

b. 158.8kPa × $\frac{760\ mmHg}{101.325 kPa}$ = 1191 mmHg

158.8kPa × $\frac{1\ atm}{101.325\ kPa}$ = 1.567atm

158.8kPa × $\frac{14.7\ psi}{101.325\ kPa}$ = 23.0 psi

c. 669 mmHg × $\frac{1\ atm}{760\ mmHg}$ = 0.920 atm

669 mmHg × $\frac{14.7\ psi}{760\ mmHg}$ =13.5 psi

669 mmHg × $\frac{101.325\ kPa}{760\ mmHg}$ = 93.2 kPa

d. 1.112atm × $\frac{760\ mmHg}{1\ atm}$ = 845.1 mmHg

1.112atm × $\frac{14.7\ psi}{1\ atm}$ = 16.3 psi

1.112atm × $\frac{101.325\ kPa}{1\ atm}$ = 112.6 kPa

3. 다음 압력을 지시한 압력 단위를 전환하라.

a. 520 mmHg → atm

b. 1.54 x 10^5 Pa → atm

c. 45.2 kPa → atm

d. 802 torr → kPa

e. 1.04 atm → mmHg

f. 795 torr → atm

g. 743 mmHg → kPa

h. 14.9 psi → atm

i. 18.2 psi → mmHg

j. 390atm → torr

풀이)

1.0 atm = 760 torr = 760 mm Hg = 101.325 kPa = 14.70 psi

a. 520mmHg/760mmHg =0.684tm

$$1.54 \times 10^5\ \text{Pa} \times \frac{1\ \text{atm}}{101{,}325\ \text{Pa}} = 1.52\ \text{atm}$$

$$45.2\ \text{kPa} \times \frac{1\ \text{atm}}{101.325\ \text{kPa}} = 0.446\ \text{atm}$$

$$802\ \text{torr} \times \frac{1\ \text{atm}}{760\ \text{torr}} \times \frac{101.325\ \text{kPa}}{1\ \text{atm}} = 107\ \text{kPa}$$

b. 1.04atm x 760mmHg =790mmHg

$$795\ \text{torr} \times \frac{1\ \text{atm}}{760\ \text{torr}} = 1.05\ \text{atm}$$

$$743\ \text{mm Hg} \times \frac{101.325\ \text{kPa}}{760\ \text{mm Hg}} = 99.1\ \text{kPa}$$

$$14.9\ \text{psi} \times \frac{1\ \text{atm}}{14.70\ \text{psi}} = 1.01\ \text{atm}$$

$$18.2\ \text{psi} \times \frac{760\ \text{mm Hg}}{14.70\ \text{psi}} = 941\ \text{mm Hg}$$

j. 390torr

3. 일정 온도에서 부피가 725mL를 차지하는 기체의 압력을 0.970atm에서 0.541atm이 될 때까지 팽창시켰을 때 기체의 최종 부피는 얼마일까?

풀이)

$P_1 = 0.970$ atm $P_2 = 0.541$ atm , $V_1 = 725$ mL $\boldsymbol{V_2} = \textbf{?}$

$$P_1V_1 = P_2V_2$$

$$\boldsymbol{V_2} = \frac{P_1V_1}{P_2} = \frac{(0.970\ \text{atm})(725\ \text{mL})}{0.541\ \text{atm}} = \mathbf{1.30 \times 10^3\ mL}$$

4. 1.00 기압에서 기체의 부피는 5.80L 이었다. 부피를 9.65L 로 팽창 시키면 기체의 압력은 몇 mmHg 로 변화할까? (온도 일정)

풀이)

$P_1 = 1.00$atm $= 760$ mmHg $P_2 = ?$, $V_1 = 5.80$L $V_2 = 9.65$L

$$P_1V_1 = P_2V_2$$

$$\boldsymbol{P_2} = \frac{P_1V_1}{V_2} = \frac{(760\ \text{mmHg})(5.80\ \text{L})}{9.65\ \text{L}} = \mathbf{457\ mmHg}$$

5. 다음 기체의 압력이 변한 후, 기체의 새로운 부피를 계산하라. (온도와 기체 양은 일정)

a. 755mmHg에서 V= 125mL → 780mmHg에서 V (mL)

b. 1.08atm에서 V= 223mL → 0.951atm에서 V (mL)

c. 103kPa에서 V= 3.02L → 121kPa에서 V (mL)

d. 1.15atm에서 V =375mL → 775 mmHg에서 V (mL)

e. 1.08atm에서 V =195 mL → 135kPa에서 V (mL)

f. 131kPa 에서 V =6.75 L → 765mmHg 에서 V (mL)

g. 755torr 에서 V =25.7 mL → 761mmHg 에서 V (mL)

h. 1.05atm 에서 V =51.2 L → 112.2kPa 에서 V (mL)

i. 785mmHg에서 V =53.2 mL → 700mmHg에서 V (mL)

j. 695mmHg 에서 V =5.62 L → 1.51atm 에서 V (mL)

풀이)

a. P_1 = 755 mm Hg P_2 = 780 mm Hg

V_1 = 125 mL V_2 = ?

$$V_2 = \frac{P_1V_1}{P_2} = \frac{(755\text{ mm Hg})(125\text{ mL})}{(780\text{ mm Hg})} = 121\text{ mL}$$

b. P_1 = 1.08 atm P_2 = 0.951 atm

V_1 = 223 mL V_2 = ?

$$V_2 = \frac{P_1V_1}{P_2} = \frac{(1.08\text{ atm})(223\text{ mL})}{(0.951\text{ atm})} = 253\text{ mL}$$

c. P_1 = 103 kPa P_2 = 121kPa

V_1 = 3.02 L V_2 = ?

$$V_2 = \frac{P_1V_1}{P_2} = \frac{(103\text{ kPa})(3.02\text{ L})}{(121\text{ kPa})} = 2.57\text{ L}$$

d. P_1 = 1.15 atm P_2 = 775 mm Hg = 1.020 atm

V_1 = 375 mL V_2 = ?

$$V_2 = \frac{P_1V_1}{P_2} = \frac{(1.15\text{ atm})(375\text{ mL})}{(1.020\text{ atm})} = 423\text{ mL}$$

e. P_1 = 1.08 atm P_2 = 135kPa = 1.33atm

V_1 = 195 mL V_2 = ?

$$V_2 = \frac{P_1V_1}{P_2} = \frac{(1.08\text{ atm})(195\text{ mL})}{(1.33\text{ atm})} = 158\text{ mL}$$

f. P_1 = 131kPa = 982.6 mm Hg P_2 = 765 mm Hg

V_1 = 6.75 L V_2 = ?

$$V_2 = \frac{P_1V_1}{P_2} = \frac{(982.6\text{ mm Hg})(6.75\text{ L})}{(765\text{ mm Hg})} = 8.67\text{ L}$$

g. P_1 = 755 torr = 755 mm Hg P_2 = 761 mm Hg

V_1 = 25.7 mL V_2 = ? mL

$$V_2 = \frac{P_1V_1}{P_2} = \frac{(755\text{ mm Hg})(25.7\text{ mL})}{(761\text{ mm Hg})} = 25.5\text{ mL}$$

h. P_1 = 1.05 atm P_2 = 112.2 kPa = 1.107 atm

V_1 = 51.2 L V_2 = ?

$$V_2 = \frac{P_1V_1}{P_2} = \frac{(1.05\text{ atm})(51.2\text{ L})}{(1.107\text{ atm})} = 48.6\text{ L}$$

i. P_1 = 785 mm Hg P_2 = 700. mm Hg

V_1 = 53.2 mL V_2 = ?

$$V_2 = \frac{P_1V_1}{P_2} = \frac{(785 \text{ mm Hg})(53.2 \text{ mL})}{700. \text{ mm Hg}} = 59.7 \text{ mL}$$

j. P_1 = 695 mm Hg P_2 = 1.51 atm

V_1 = 5.62 L V_2 = ?

$$V_2 = \frac{P_1V_1}{P_2} = \frac{(695 \text{ mm Hg})(5.62 \text{ L})}{1.51 \text{ atm} \times \left(\frac{760 \text{ mm Hg}}{1 \text{ atm}}\right)} = 3.40 \text{ L}$$

6. 97℃와 755 mmHg에서 다음 기체들의 밀도(g/L 단위로)를 계산하라.

a. 헬륨(He)

b. 이산화 황(SO_2)

c. 뷰테인 (C_4H_{10})

풀이) T= 97℃ + 273= 370K

P= 755mmHg × $\frac{1atm}{760mmHg}$ = 0.933atm

n= $\frac{PV}{RT}$ = $\frac{(0.993atm)(1.00L)}{(0.0821L\cdot atm/\ mol\cdot K)(370K)}$ =0.0327mol, d=$\frac{MP}{RT}$

(a) HCl 밀도 = 36.46g/mol × $\frac{(0.993atm)(1.00L)}{(0.0821L\cdot atm/\ mol\cdot K)(370K)}$ = 1.19g/L

(b) SO_2 밀도 = 64.07g/mol × $\frac{(0.993atm)(1.00L)}{(0.0821L\cdot atm/\ mol\cdot K)(370K)}$= 2.09g/L

(c) C_4H_{10} 밀도 = 58.12g/mol × $\frac{(0.993atm)(1.00L)}{(0.0821L\cdot atm/\ mol\cdot K)(370K)}$= 1.90g/L

7. 대기가 주로 CO_2로 이루어진 미지의 별의 온도는 460℃이고 압력은 75atm이다. 이 별 표면의 CO_2의 밀도와 25℃의 지구 표면의 밀도를 비교하라.

풀이)

미지의 별:

밀도=$\frac{MP}{RT}$, T= 460℃ + 273.15= 733K

P= 75atm

밀도= 44.01g/mol × $\frac{75atm}{(0.0821L\cdot atm/\ mol\cdot K)(733K)}$ =55g/L

지구:

T= 25℃+ 273.15= 298K

P= 1atm

밀도= 44.01/mol × $\frac{1atm}{(0.0821L\cdot atm/\ mol\cdot K)(298K)}$ =1.80g/L

8. 일정 온도에서 225mL 인 Ne 기체를 1.02atm 에서 2.99atm 으로 압축시키면 부피는 얼마가 되겠는가?

풀이) P_1 = 1.02 atm P_2 = 2.99 atm

V_1 = 225mL V_2 = ?

$$V_2 = \frac{P_1V_1}{P_2} = \frac{(1.02\ \text{atm})(225\ \text{mL})}{(2.99\ \text{atm})} = 76.8\ \text{mL}$$

9. 일정 온도에서 압력이 1.2atm 일 때 공기 시료의 부피가 3.8L 이면, 6.6atm 일 때 부피는 얼마인가?

풀이)

$$\frac{P_1V_1}{n_1T_1} = \frac{P_2V_2}{n_2T_2}$$

$n_1 = n_2$ and $T_1 = T_2$, $P_1V_1 = P_2V_2$

P_1 = 1.2 atm P_2 = 6.6 atm

V_1 = 3.8 L V_2 = ?

$$V_2 = \frac{P_1V_1}{P_2}$$

$$\mathbf{V_2} = \frac{(1.2\ \text{atm})(3.8\ \text{L})}{(6.6\ \text{atm})} = \mathbf{0.69\ L}$$

10. 일정 압력에서 36.4 L 의 CH_4 기체가 25℃에서 88℃로 가열되었다. 기체의 최종 부피는 얼마일까?

풀이)

T_1 = 25° + 273° = 298 K T_2 = 88° + 273° = 361 K

V_1 = 36.4 L **V_2 = ?**

$$\frac{V_1}{T_1} = \frac{V_2}{T_2}$$

$$\mathbf{V_2} = \frac{V_1T_2}{T_1} = \frac{(36.4\ \text{L})(361\ \text{K})}{298\ \text{K}} = \mathbf{44.1\ L}$$

11. NH_3 기체가 산소와 반응하여 일산화 질소(NO)와 수증기가 생성된다. 같은 온도, 같은 압력에서 1 부피의 암모니아로부터 생성되는 일산화 질소의 부피는 얼마일까?

풀이)

균형 맞춘 반응식: $4NH_3(g) + 5O_2(g) \rightarrow 4NO(g) + 6H_2O(g)$

아보가드로 법칙에 의해 기체의 부피는 일정한 온도와 압력에서 기체의 몰 수에 정비례하므로, 암모니아와 산화질소 계수가 4로 같으므로 암모니아 1부피에서 산화질소 1부피를 얻는다.

12. 785mmHg에서 29.2mL인 He기체 시료 부피가 15.1mL가 될 때까지 압축하였다. 시료에 가해진 새로운 압력은 얼마일까? (일정 온도)

풀이)

P_1 = 785 mm Hg $\qquad$ P_2 = ?

V_1 = 29.2 mL $\qquad$ V_2 = 15.1 mL

$$P_2 = \frac{P_1V_1}{V_2} = \frac{(785\text{ mm Hg})(29.2\text{ mL})}{(15.1\text{ mL})} = 1.52 \times 10^3\text{ mm Hg}$$

13. 470℃에서 암모니아 기체의 압력은 5.3atm이다. 같은 온도에서 기체의 부피가 원래 부피의 0.10% 감소될 때 압력은 얼마인가?
풀이)

$$\frac{P_1V_1}{n_1T_1} = \frac{P_2V_2}{n_2T_2}, \quad P_1V_1 = P_2V_2$$

$$V_2 = 0.10\ V_1, \quad P_2 = \frac{P_1V_1}{V_2}$$

$$\boldsymbol{P_2} = \frac{(5.3\text{ atm})V_1}{0.10V_1} = \textbf{53 atm}$$

14. 32℃에서 부피 2.3L의 용기 속에 들어 있는 N_2기체 압력이 4.7atm이다. 이 기체의 몰수를 계산하라.

풀이) $$\boldsymbol{n} = \frac{PV}{RT} = \frac{(4.7\text{ atm})(2.3\text{ L})}{\left(0.0821\dfrac{\text{L}\cdot\text{atm}}{\text{mol}\cdot\text{K}}\right)(273+32)\text{K}} = \textbf{0.43 mol}$$

15. 용기 속 기체의 초기 온도는 18°C, 초기 부피는1340L이었다. 전체적으로 압력과 기체의 양의 변화 없이 온도를 87°C로 변화시켰을 때, 기체의 부피는 얼마일까?

풀이)

V_1 = 1340 L $\qquad$ V_2 = ? mL

T_1 = 18°C = 291 K $\qquad$ T_2 = 87°C = 360. K

$$V_2 = \frac{V_1T_2}{T_1} = \frac{(1340\ \mathrm{L})(360.\ \mathrm{K})}{(291\ \mathrm{K})} = 1660\ \mathrm{L}$$

16. 일정한 압력에서, 78°C에서 375mL의 부피를 갖는 Ne기체를 22°C로 냉각하였을 때, 네온 시료의 부피는 얼마 일까?

풀이) V_1 = 375 mL　　　V_2 = ? mL

T_1 = 78°C = 351 K　　　T_2 = 22°C = 295 K

$$V_2 = \frac{V_1T_2}{T_1} = \frac{(375\ \mathrm{mL})(295\ \mathrm{K})}{(351\ \mathrm{K})} = 315\ \mathrm{mL}$$

17. 일정 압력과 일정 기체 양일 때 온도나 부피를 계산 하라.

a. 0°C에서 V = 25.0 L → V = 50.0 L일 때 온도는?

b. 25°C에서 V = 247mL → V=255 mL일 때 온도는?

c. 2847°C 에서 V = 10.0mL →27°C 에서 부피는?

d. 24°C에서 V = 9.14L → 48°C에서 부피는?

e. -12°C에서 V = 24.9mL → V = 49.9 mL일 때 온도는?

f. 25 K 에서 V = 925mL → 273K 에서 부피는?

g. 1150°C에서 V = 2.01 x 10^2L → V = 5.00L일 때 온도는?

h. 298K에서 V = 44.2mL → 0 K에서 부피는?

i. 298K에서 V = 44.2mL → 0°C에서 부피는?

풀이)

a. V_1 = 25.0 L　　　V_2 = 50.0 L

T_1 = 0°C = 273 K　　　T_2 = ? °C

$$T_2 = \frac{V_2T_1}{V_1} = \frac{(50.0\ \mathrm{L})(273\ \mathrm{K})}{25.0\ \mathrm{L}} = 546\ \mathrm{K} = 273°\mathrm{C}$$

b. V_1 = 247 mL　　　V_2 = 255 mL

T_1 = 25°C = 298 K　　　T_2 = ?°C

$$T_2 = \frac{V_2T_1}{V_1} = \frac{(255\ \mathrm{mL})(298\ \mathrm{K})}{247\ \mathrm{mL}} = 308\ \mathrm{K} = 35°\mathrm{C}$$

c. V_1 = 1.00 mL　　　V_2 = ? mL

T_1 = 2847°C = 3120 K　　　T_2 = 27°C = 300 K

$V_2 = \frac{(10mL)(300K)}{3120K} = 0.962mL$

d. $V_1 = 9.14\ L$ $V_2 = ?$

$T_1 = 24°C = 297\ K$ $T_2 = 48°C = 321\ K$

$$V_2 = \frac{V_1T_2}{T_1} = \frac{(9.14\ L)(321\ K)}{(297\ K)} = 9.88\ L$$

e. $V_1 = 24.9\ mL$ $V_2 = 49.9\ mL$

$T_1 = -12°C = 261\ K$ $T_2 = ?$

$$T_2 = \frac{V_2T_1}{V_1} = \frac{(49.9\ mL)(261\ K)}{(24.9\ mL)} = 523\ K = 250.°C$$

f. $V_1 = 925\ mL$ $V_2 = ?$

$T_1 = 25\ K$ $T_2 = 273\ K$

$$V_2 = \frac{V_1T_2}{T_1} = \frac{(925\ mL)(273\ K)}{(25\ K)} = 1.01 \times 10^4\ mL$$

g. $V_1 = 2.01 \times 10^2\ L$ $V_2 = 5.00\ L$

$T_1 = 1150°C = 1423\ K$ $T_2 = ?°C$

$$T_2 = \frac{V_2T_1}{V_1} = \frac{(5.00\ L)(1423\ K)}{(201\ L)} = 35.4\ K = -238°C$$

h. $V_1 = 44.2\ mL$ $V_2 = ?\ mL$

$T_1 = 298\ K$ $T_2 = 0$

$$V_2 = \frac{V_1T_2}{T_1} = \frac{(44.2\ mL)(0\ K)}{(298\ K)} = 0\ mL$$

i. $V_1 = 44.2\ mL$ $V_2 = ?\ mL$

$T_1 = 298\ K$ $T_2 = 0°C = 273\ K$

$$V_2 = \frac{V_1T_2}{T_1} = \frac{(44.2\ mL)(273\ K)}{(298\ K)} = 40.5\ mL$$

18. Ar기체 100mL를 400K에서 280K로 냉각시켰다. 280K에서 Ar기체 부피는 얼마일까? (일정 압력)

풀이) $V_2 = \frac{(100mL)(280K)}{400K} = 70\ mL$

19. Ne 440mL를 124°C에서 172°C로 가열하였다. 172°C에서 시료의 부피는 얼마일까? (일정 압력)

풀이) 124°C + 273 = 397 K 172°C + 273 = 445 K

$$V_2 = \frac{(440mL)(445K)}{(397K)} = 493\text{mL}$$

20. Ne기체 0.00901몰 부피는 242mL이다. Ne기체 0.00703몰 부피는 얼마일까? (동일 온도와 압력)

풀이) $V_1/n_1 = V_2/n_2$

V_1 = 242 mL V_2 = ? L

n_1 = 0.00901 mol n_2 = 0.00703 mol

$$242\text{ mL} \times \frac{0.00703\text{ mol}}{0.00901\text{ mol}} = 189\text{ mL}$$

21. Ar기체 3.25몰 부피는 100L이다. Ar기체 14.15몰 부피는 얼마일까? (동일 온도와 압력)

풀이) V_1 = 100. L V_2 = ? L

n_1 = 3.25 mol n_2 = 14.15 mol

$$100.\text{ L} \times \frac{14.15\text{ mol}}{3.25\text{ mol}} = 435\text{ L}$$

22. Ar기체 2.71g 부피는 4.21L 이다. Ar기체 1.29몰 부피는 얼마 일까? (동일 온도와 압력)

풀이) Ar 몰질량= 39.95 g

$$2.71\text{g Ar} \times \frac{1\text{ mol}}{39.95\text{ g}} = 0.0678\text{ mol Ar}$$

$$4.21\text{ L} \times \frac{1.29\text{ mol}}{0.0678\text{ mol}} = 80.1\text{ L}$$

23. CO기체 30.4L 부피의 용기 속에 6.9몰이 들어 있다. 62℃에서 기체 압력(atm)은 얼마 일까?

풀이)

$$P = \frac{nRT}{V}$$

$$\boldsymbol{P} = \frac{(6.9\text{ mol})\left(0.0821\frac{\text{L}\cdot\text{atm}}{\text{mol}\cdot\text{K}}\right)(62 + 273)\text{K}}{30.4\text{ L}} = \textbf{6.2 atm}$$

24. 0℃, 1atm 에서 일정 부피 용기 내에서 기체 2.5L 의 온도를 250℃까지 가열하였다면 기체의 최종 압력(atm)은 얼마일까?

풀이)

$$\frac{P_1V_1}{n_1T_1} = \frac{P_2V_2}{n_2T_2}, \qquad \frac{P_1}{T_1} = \frac{P_2}{T_2}$$

T_1 = 273 K T_2 = (250 + 273)K =

523 K

P_1 = 1.0 atm P_2 = ?

$$P_2 = \frac{P_1T_2}{T_1}$$

$$\mathbf{P_2} = \frac{(1.0\ \text{atm})(523\ \text{K})}{273\ \text{K}} = \mathbf{1.9\ atm}$$

25. 처음 상태가 0.85atm, 66℃에 있던 이상 기체를 부피를 94 mL, 압력을 0.60atm, 45℃로 변화시켰다. 이 기체의 초기 부피는 얼마일까?

풀이) $\frac{P_1V_1}{T_1} = \frac{P_2V_2}{T_2}$

$$\mathbf{V_1} = \frac{P_2V_2T_1}{P_1T_2} = \frac{(0.60\ \text{atm})(94\ \text{mL})(66 + 273)\text{K}}{(0.85\ \text{atm})(45 + 273)\text{K}} = \mathbf{71\ mL}$$

26. 표준상태에서 어떤 기체의 부피가 488mL 였다면, 22.5atm, 150℃에서의 부피는 얼마일까?

풀이)

$$\frac{P_1V_1}{T_1} = \frac{P_2V_2}{T_2}$$

T_2(K) = 150° + 273° = 423 K

$$V_2 = \frac{P_1V_1T_2}{P_2T_1}$$

$$\mathbf{V_2} = \frac{(1\ \text{atm})(488\ \text{mL})(423\ \text{K})}{(22.5\ \text{atm})(273\ \text{K})} = \mathbf{33.6\ mL}$$

27. 압력이 741torr, 온도가 44℃일 때 7.10g의 미지기체 부피는 5.40L라면, 몰질량은 얼마일까?

풀이)

몰질량: $\mathcal{M} = \frac{dRT}{P}$

밀도: $d = \frac{7.10\ \text{g}}{5.40\ \text{L}} = 1.31\ \text{g/L}$

T = 44° + 273° = 317 K

$$P = 741\ \text{torr} \times \frac{1\ \text{atm}}{760\ \text{torr}} = 0.975\ \text{atm}$$

$$\mathcal{M} = \frac{\left(1.31\ \frac{\text{g}}{\text{L}}\right)\left(0.0821\frac{\text{L}\cdot\text{atm}}{\text{mol}\cdot\text{K}}\right)(317\ \text{K})}{0.975\ \text{atm}} = \mathbf{35.0\ g/mol}$$

$$n = \frac{PV}{RT} \qquad n = \frac{(0.975\ \text{atm})(5.40\ \text{L})}{\left(0.0821\frac{\text{L}\cdot\text{atm}}{\text{mol}\cdot\text{K}}\right)(317\ \text{K})} = 0.202\ \text{mol}$$

화합물의 몰질량=(7.10g/0.202mol)=35.1g/mol

28. 오존의 온도와 압력은 각각 250K, 1.0 x10^{-3} atm일 때 1.0L 공기에 들어 있는 오존 분자의 수는 몇 개인가?

풀이) 이상기체 상태방정식에 의해 몰수는

$$n = \frac{PV}{RT} = \frac{(1.0\times 10^{-3}\ \text{atm})(1.0\ \text{L})}{\left(0.0821\ \frac{\text{L}\cdot\text{atm}}{\text{mol}\cdot\text{K}}\right)(250\ \text{K})} = 4.9\times 10^{-5}\ \text{mol O}_3$$

O_3 분자수 = (4.9 x 10^{-5}몰) x 6.022 x 10^{23} = 3.0x10^{19} (개)

29. 1.00 atm, 27.08℃에서 2.10L의 용기에 기체 4.65g이 들어 있다.

a. 이 기체의 밀도(g/L)로 계산하라.

b. 이 기체의 몰질량은 얼마인가?

풀이)

a. 밀도(d) = $\frac{4.65g}{2.10L}$ = 2.21g/L

b. 몰질량= dRT/P = (2.21g/L)(0.082L.atm/mol K)(27.08+273)K/1.00atm =54.4g/mol

30. 733 mmHg, 46℃에서 브로민화 수소(HBr)의 밀도(g/L)를 계산하라.

풀이)

$$\text{밀도} = d = \frac{P\mathcal{M}}{RT}$$

몰질량= 1.008 g/mol + 79.90 g/mol = 80.91 g/mol

T = 46° + 273° = 319 K

$$P = 733\ \text{mmHg} \times \frac{1\ \text{atm}}{760\ \text{mmHg}} = 0.964\ \text{atm}$$

$$\boldsymbol{d} = \frac{(0.964\ \text{atm})\left(\frac{80.91\ \text{g}}{1\ \text{mol}}\right)}{319\ \text{K}} \times \frac{\text{mol}\cdot\text{K}}{0.0821\ \text{L}\cdot\text{atm}} = \mathbf{2.98\ g/L}$$

d =질량/부피이므로

$$V = \frac{nRT}{P}$$

$$V = \frac{(1\text{ mol})\left(0.0821\frac{\text{L}\cdot\text{atm}}{\text{mol}\cdot\text{K}}\right)(319\text{ K})}{0.964\text{ atm}} = 27.2\text{ L}$$

HBr(g) 밀도= 80.91g/27.2L =2.97g/L

31. 다음에 주어진 이상 기체에 대해 부피나 온도를 계산하라.

a. P = 782.4 mmHg; n = 0.1021 mol; T = 26.2°C → V = ? mL;

b. V = 27.5 mL; n = 0.007812 mol; T = 16.6°C → P = ? mmHg;

c. P = 1.045 atm; V = 45.2 mL; n = 0.002241mol → T = ?°C

d. P = 782 mmHg; n = 0.210 mol; T = 27°C → V = ?mL;

e. V = 644 mL; n = 0.0921 mol; T = 303 K → P = ? mmHg;

f. P = 745 mmHg; V = 11.2 L; n = 0.401 mol → T = ? K;

풀이)

a. P = 782.4 mm Hg = 1.029 atm; T = 26.2°C = 299 K

$$V = \frac{nRT}{P} = \frac{(0.1021\text{ mol})(0.08206\text{ L atm mol}^{-1}\text{ K}^{-1})(299\text{ K})}{(1.029\text{ atm})} = 2.44\text{ L}$$

b. V = 27.5 mL = 0.0275 L; T = 16.6°C = 289.6 K (290. K)

$$P = \frac{nRT}{V} = \frac{(0.007812\text{ mol})(0.08206\text{ L atm mol}^{-1}\text{ K}^{-1})(290\text{ K})}{(0.0275\text{ L})} = 6.75\text{ atm}$$

$$6.75\text{ atm} \times \frac{760\text{ mm Hg}}{1\text{ atm}} = 5.13 \times 10^3\text{ mm Hg}$$

c. V = 45.2 mL = 0.0452 L

$$T = \frac{PV}{nR} = \frac{(1.045\text{ atm})(0.0452\text{ L})}{(0.002241\text{ mol})(0.08206\text{ L atm mol}^{-1}\text{ K}^{-1})} = 257\text{ K}$$

T = 257 K − 273 K = −16°C

d. P = 782 mm Hg = 1.03 atm; T = 27°C = 300 K

$$V = \frac{nRT}{P} = \frac{(0.210\text{ mol})(0.08206\text{ L atm mol}^{-1}\text{ K}^{-1})(300\text{ K})}{(1.03\text{ atm})} = 5.02\text{ L}$$

e. V = 644 mL = 0.644 L

$$P = \frac{nRT}{V} = \frac{(0.0921\ \text{mol})(0.08206\ \text{L atm mol}^{-1}\ \text{K}^{-1})(303\ \text{K})}{(0.644\ \text{L})} = 3.56\ \text{atm}$$

$= 2.70 \times 10^3$ mm Hg

f. P = 745 mm = 0.980atm

$$T = \frac{PV}{nR} = \frac{(0.980\ \text{atm})(11.2\ \text{L})}{(0.401\ \text{mol})(0.08206\ \text{L atm mol}^{-1}\ \text{K}^{-1})} = 334\ \text{K}$$

32. 298K, 1.02atm에서 5.00L의 용기를 채우기 위해 필요한 Ne기체 질량은 얼마일까?

풀이)

Ne 몰질량 = 20.18 g; 25°C = 298 K

$$n = \frac{PV}{RT} = \frac{(1.02\ \text{atm})(5.00\ \text{L})}{(0.08206\ \text{L atm mol}^{-1}\ \text{K}^{-1})(298\ \text{K})} = 0.2086\ \text{mol Ne}$$

$$0.2086\text{mol Ne} \times \frac{20.18\ \text{g Ne}}{1\ \text{mol Ne}} = 4.21\text{g Ne}$$

33. 21°C에서 산소 56.2kg이 들어있는 125L 용기의 압력을 계산하라.

풀이)

O_2 몰질량= 32.00 g; 56.2 kg = 5.62 × 10^4 g

T = 21°C = 294 K

$$n = 5.62 \times 10^4\ \text{g O}_2 \times \frac{1\ \text{mol O}_2}{32.00\ \text{g O}_2} = 1.76 \times 10^3\ \text{mol O}_2$$

$$P = \frac{nRT}{V} = \frac{(1.76 \times 10^3\ \text{mol})(0.08206\ \text{L atm mol}^{-1}\text{K}^{-1})(294\ \text{K})}{(125\ \text{L})} = 339\ \text{atm}$$

34. 100°C, 785mmHg 에서 헬륨 기체 2.04g 의 부피는 얼마일까?

풀이)

He 몰질량 = 4.003 g; 100°C = 373 K; 785 mm Hg = 1.033 atm

$$2.04\ \text{g He} \times \frac{1\ \text{mol He}}{4.003\ \text{g He}} = 0.5096\ \text{mol He}$$

$$V = \frac{nRT}{P} = \frac{(0.5096\ \text{mol})(0.08206\ \text{L atm mol}^{-1}\ \text{K}^{-1})(373\ \text{K})}{(1.033\ \text{atm})} = 15.1\ \text{L}$$

35. 7.00L 용기에 들어있는 네온 기체 시료 5.00g의 압력이 1.10atm일 때, 온도(°C)는 얼마일까?

풀이)

Ne 몰질량 = 20.18g; 5.00 g = 0.248 mol

$$T = \frac{PV}{nR} = \frac{(1.10 \text{ atm})(7.00 \text{ L})}{(0.248 \text{ mol})(0.08206 \text{ L atm mol}^{-1}\text{K}^{-1})} = 379 \text{ K} = 106°\text{C}$$

36. 25°C에서 100.0 L 탱크에 255 atm의 압력을 나타내기 위한 헬륨 기체의 질량은 얼마인가? 같은 조건에서 같은 압력을 나타내기 위한 산소 기체의 질량은 얼마일까?

풀이)

T = 25°C + 273 = 298 K; He 몰질량, 4.003g; O_2 몰질량, 32.00 g

$$n = \frac{PV}{RT} = \frac{(255 \text{ atm})(100.0 \text{ L})}{(0.08206 \text{ L atm mol}^{-1} \text{ K}^{-1})(298 \text{ K})} = 1043\text{mol} = 1.04 \times 10^3\text{mol}$$

$$1.04 \times 10^3\text{mol He} \times \frac{4.003 \text{ g He}}{1 \text{ mol He}} = 4.16 \times 10^3\text{g He}$$

$$1.04 \times 10^3\text{mol } O_2 \times \frac{32.00 \text{ g } O_2}{1 \text{ mol } O_2} = 3.33 \times 10^4\text{g } O_2$$

37. 네온 기체 1.25g이 25°C에서 10.1L 용기를 차지하고 있다. 용기 안의 압력은 얼마일까? 온도를 50°C로 증가시키면 새로운 압력은 얼마일까?

풀이)

Ne 몰질량 = 20.18 g; 25°C = 298 K; 50°C = 323 K

$$1.25 \text{ g Ne} \times \frac{1 \text{ mol}}{20.18 \text{ g}} = 0.06194 \text{ mol}$$

$$P = \frac{nRT}{V} = \frac{(0.06194 \text{ mol})(0.08206 \text{ L atm mol}^{-1} \text{ K}^{-1})(298 \text{ K})}{(10.1 \text{ L})} = 0.150 \text{ atm}$$

$$P = \frac{nRT}{V} = \frac{(0.06194 \text{ mol})(0.08206 \text{ L atm mol}^{-1} \text{ K}^{-1})(323 \text{ K})}{(10.1 \text{ L})} = 0.163 \text{ atm}$$

38. 네온 기체 1.0g이 5.0L 용기에서 500torr의 압력을 나타낼 때, 온도는 얼마일까?

풀이) Ne 몰질량 = 20.18 g; P = 500. torr = 0.6579 atm

$$1.0 \text{ g Ne} \times \frac{1 \text{ mol}}{20.18 \text{ g}} = 0.0496 \text{ mol Ne}$$

$$T = \frac{PV}{nR} = \frac{(0.6579 \text{ atm})(5.0 \text{ L})}{(0.0496 \text{ mol})(0.08206 \text{ L atm mol}^{-1}\text{K}^{-1})} = 809 \text{ K } (810 \text{ K})$$

39. 산소 기체 4.25g이 2.51L 용기에서 784 mmHg의 압력을 나타낼 때, 온도는 얼마일까?

풀이) O_2 몰질량 = 32.00 g; 784 mm Hg = 1.032 atm

$4.25\ g\ O_2 \times \dfrac{1\ mol\ O_2}{32.00\ g\ O_2} = 0.1328\ mol$

$$T = \frac{PV}{nR} = \frac{(1.032\ atm)(2.51\ L)}{(0.1328\ mol)(0.08206\ L\ atm\ mol^{-1}\ K^{-1})} = 238\ K = -35°C$$

40. 300K에서 200L의 탱크에 네온 기체 5.0kg이 들어있을 때, 압력은 얼마일까?

풀이) 5.0 kg = 5.0×10^3 g; Ne몰질량 = 20.18 g

$5.0 \times 10^3\ g\ Ne \times \dfrac{1\ mol\ Ne}{20.18\ g\ Ne} = 247.8\ mol\ Ne$

$$P = \frac{nRT}{V} = \frac{(247.8\ mol)(0.08206\ L\ atm\ mol^{-1}K^{-1})(300.\ K)}{(200\ L)} = 30\ atm$$

41. 298K에서 헬륨 4.15g이 들어있는 5.00L 플라스크와 303K에서 아르곤 56.2g가 들어있는 10.0 L 플라스크 중 어느 플라스크의 압력이 더 높은가?

풀이) 몰질량: He, 4.003 g; Ar, 39.95 g

$4.15\ g\ He \times \dfrac{1\ mol\ He}{4.003\ g\ He} = 1.037\ mol\ He$

$56.2\ g\ Ar \times \dfrac{1\ mol\ Ar}{39.95\ g\ Ar} = 1.407\ mol\ Ar$

$$He;\ P = \frac{nRT}{V} = \frac{(1.037\ mol)(0.08206\ L\ atm\ mol^{-1}\ K^{-1})(298\ K)}{(5.00\ L)} = 5.07\ atm$$

$$Ar;\ P = \frac{nRT}{V} = \frac{(1.407\ mol)(0.08206\ L\ atm\ mol^{-1}\ K^{-1})(303\ K)}{(10.00\ L)} = 3.50\ atm$$

He의 압력이 Ar의 압력 보다 높다

42. 25°C, 1.01atm에서 헬륨 기체 시료 24.3mL를 50°C까지 가열한 후, 15.2mL의 부피로 압축하였다. 시료의 압력은 얼마일까?

풀이) P_1 = 1.01 atm P_2 = ? atm

V_1 = 24.3 mL V_2 = 15.2 mL

T_1 = 25°C = 298 K T_2 = 50°C = 323 K

$$P_2 = \frac{T_2P_1V_1}{T_1V_2} = \frac{(323\ K)(1.01\ atm)(24.3\ mL)}{(298\ K)(15.2\ mL)} = 1.75atm$$

43. 29°C에서 2.41L의 용기에 1.29g의 아르곤 기체가 들어 있다. 용기의 압력은 얼마인가? 일정 부피에서 온도를 42°C로 증가시키면 압력은 얼마나 될까?

풀이) Ar 몰질량 = 39.95 g; 29°C = 302 K; 42°C = 315 K

$$1.29g\ Ar \times \frac{1\ mol\ Ar}{39.95\ g\ Ar} = 0.03229mol\ Ar$$

$$P = \frac{nRT}{V} = \frac{(0.03229\ mol)(0.08206\ L\ atm\ mol^{-1}K^{-1})(302\ K)}{(2.41\ L)} = 0.332\ atm$$

$$P = \frac{nRT}{V} = \frac{(0.03229\ mol)(0.08206\ L\ atm\ mol^{-1}K^{-1})(315\ K)}{(2.41\ L)} = 0.346\ atm$$

44. N_2기체 압력이 1.22atm이었다. 부피를 다음과 같이 변화시켰을 때 압력은 얼마일까?(기체 양과 온도는 일정)

a. 부피를 62%로 감소시켰을 때

b. 부피를 38%로 했을때

P_1= 1.22 atm

T_2 , n= constant

P_2=?

a. V_1= 100 then V_2 = 100-38=62

$\frac{V_1P_1}{n_1T_1}=\frac{V_2P_2}{n_2T_2}$ (n , T일정 하다면,) ⟹ $V_1P_1=V_2P_2$

$P_2=\frac{V_1P_1}{V_2}=\frac{100(1.22\ atm)}{62}$ = 1.97 atm

b) V_1 = 100, V_2= 100 × 0.38 = 38

$P_2= \frac{V_1P_1}{V_2}= \frac{100(1.22\ atm)}{38}$ = 3.21 atm

45. 27°C, 1.05atm에서 이상 기체 459 mL를 냉각하여 15°C, 0.997atm이 되었다. 시료의 부피는 얼마일까?

풀이) P_1 = 1.05atm P_2 = 0.997atm

V_1 = 459 mL V_2 = ? mL

T_1 = 27°C = 300. K T_2 = 15°C = 288 K

$$V_2 = \frac{T_2P_1V_1}{T_1P_2} = \frac{(288\ K)(1.05\ atm)(459\ mL)}{(300\ K)(0.997\ atm)} = 464\ mL$$

46. 플라스크에 25°C와 1.05atm 압력에서 1.35몰의 수소가 들어 있다. 같은 온도에서 이 플라스크의 압력이 1.64atm으로 오를 때까지 질소를 가하였다. 가해준 질소의 몰수는 얼마인가?

풀이)

P_1= 1.05 atm

P_2= 1.64 atm

n_1= 1.35 mol H_2

n_2= mol N_2 + 1.35 mol H_2

mol N_2=?

$n_2 = \frac{P_2 n_1}{P_1} = \frac{1.64atm \times 1.35mol}{1.05atm}$ = 2.11mol

질소의 몰수 = 2.11mol -1.35mol =0.76mol

47. 실험식 SF_4를 갖는 화합물이 20℃에서 기체 화합물 0.100g의 부피는 22.1mL이고, 이때 압력은 1.02atm이다. 이 기체의 분자식을 구하라.

풀이)

몰질량= $\mathcal{M} = \frac{dRT}{P}$

밀도: $d = \frac{0.100\ \text{g}}{22.1\ \text{mL}} \times \frac{1000\ \text{mL}}{1\ \text{L}} = 4.52\ \text{g/L}$

T(K) = 20° + 273° = 293 K

$$\mathcal{M} = \frac{\left(4.52\ \frac{\text{g}}{\text{L}}\right)\left(0.0821\frac{\text{L}\cdot\text{atm}}{\text{mol}\cdot\text{K}}\right)(293\ \text{K})}{1.02\ \text{atm}} = 107\ \text{g/mol}$$

실험식 몰질량 = 32.07g/mol + 4(19.00g/mol) = 108.07g/mol

실험실 몰질량 ≒ 분자식 몰질량=1:1

분자식= SF_4.

48. 표준 상태에서 H_2기체 5.6L가 과량의 Cl_2기체와 반응하여 생긴 HCl기체의 질량(g)을 계산하라.

풀이)

균형 맞춘 반응식: $H_2(g) + Cl_2(g) \longrightarrow 2HCl(g)$

표준 상태에서 이상기체 1몰의 부피=22.4L

반응한 수소 몰수 = 5.6L x $\frac{1mol}{22.4L}$ =0.25mol

생성 HCl 질량 = $\textbf{? g HCl} = 0.25\ \text{mol H}_2 \times \frac{2\ \text{mol HCl}}{1\ \text{mol H}_2} \times \frac{36.46\ \text{g HCl}}{1\ \text{mol HCl}} = \textbf{18 g HCl}$

49. 부분 압력이 각각 0.80atm과 0.20atm인 질소와 산소만을 포함한 공기가 있다. 기체들의 전체

압력과 몰분율을 계산하라.

풀이) 전체 압력=1atm

N_2 몰분율: 0.80, O_2 몰분율: 0.20.

50. CH_4, C_2H_6, C_3H_8을 포함한 기체 혼합물이 있다. 이 기체 혼합물의 전체 압력이 1.50atm이고 존재하는 기체 몰 수가 CH_4 0.31몰, C_2H_6 0.25몰, C_3H_8 0.29몰 이라면 각 기체의 부분 압력을 계산하라.

풀이) $P_i = X_i P_T$.

$$n = n_{CH_4} + n_{C_2H_6} + n_{C_3H_8} = 0.31\text{ mol} + 0.25\text{ mol} + 0.29\text{ mol} = 0.85\text{ mol}$$

$$X_{CH_4} = \frac{0.31\text{ mol}}{0.85\text{ mol}} = 0.36 \qquad X_{C_2H_6} = \frac{0.25\text{ mol}}{0.85\text{ mol}} = 0.29 \qquad X_{C_3H_8} = \frac{0.29\text{ mol}}{0.85\text{ mol}} = 0.34$$

부분압력:

$$P_{CH_4} = X_{CH_4} \times P_{total} = 0.36 \times 1.50\text{ atm} = \mathbf{0.54\ atm}$$

$$P_{C_2H_6} = X_{C_2H_6} \times P_{total} = 0.29 \times 1.50\text{ atm} = \mathbf{0.44\ atm}$$

$$P_{C_3H_8} = X_{C_3H_8} \times P_{total} = 0.34 \times 1.50\text{ atm} = \mathbf{0.51\ atm}$$

51. 15℃, 2.5L 플라스크 속에 기체 N_2, He, Ne 부분 압력이 각각 0.32atm, 0.15atm, 0.42atm이다.

a. 혼합물의 전체 압력을 계산하라.

b. N_2기체를 선택적으로 제거하면 표준상태에서 He기체와 Ne기체가 차지 하는 부피를 계산하라.

풀이)

a. $P_{전체}$ = 0.32atm + 0.15atm + 0.42atm = 0.89atm

b. 초기상태 최종 상태

P_1 = (0.15 + 0.42)atm = 0.57 P_2 = 1.0 atm

T_1 = (15 + 273)K = 288 K T_2 = 273 K

V_1 = 2.5 L V_2 = ?

$$\frac{P_1V_1}{n_1T_1} = \frac{P_2V_2}{n_2T_2}$$

$n_1 = n_2$ 이므로,

$$V_2 = \frac{P_1V_1T_2}{P_2T_1} = (0.57\text{atm})(2.5\text{L})(273\text{K})/(1.0\text{atm})(288\text{K}) = 1.4\text{L}$$

52. 해수면 근처 건조한 공기 성분은 부피로 N_2 78.08%, O_2 20.94%, Ar 0.93%, CO_2 0.05%이다. 대기압 1.00atm 상태에서,

a. 각 기체의 부분 압력(atm)을 구하라.

b. 0.8℃에서 각 기체의 농도(mol/L)를 계산하라.

풀이)

부피는 몰수에 비례하므로 같은 온도, 같은 압력에서 기체 몰분율은 부피 비로 나타낼 수 있다.

X_{N2}=0.7808 X_{O2}=0.2094 X_{Ar} = 0.0093 X_{CO2} = 0.005

a. P_{N2}=0.781atm P_{O2}=0.209 atm P_{Ar} = 0.0093 atm P_{CO2} = 0.005 atm

b. 농도: $c = \frac{n}{V} = \frac{P}{RT}$.

$$c_{N_2} = \frac{0.781\text{ atm}}{\left(0.0821\,\frac{\text{L}\cdot\text{atm}}{\text{mol}\cdot\text{K}}\right)(273\text{ K})} = \mathbf{3.48\times10^{-2}}\ \boldsymbol{M}$$

$$c_{O_2} = \mathbf{9.32\times10^{-3}}\ \boldsymbol{M},\ c_{Ar} = \mathbf{4.1\times10^{-4}}\ \boldsymbol{M},\ c_{CO_2} = \mathbf{2\times10^{-5}}\ \boldsymbol{M}$$

53. 헬륨과 네온 혼합물을 28.08℃, 745mmHg에서 수상 포집 하였다. 헬륨의 부분 압력이 368 mmHg이면 네온의 부분 압력은 얼마일까? (28.08℃에서 수증기압은 28.3mmHg)

풀이) P_{Total} = $P_1 + P_2 + P_3 + \ldots + P_n$

$$P_{Total} = P_{Ne} + P_{He} + P_{H_2O}$$

$$P_{Ne} = P_{Total} - P_{He} - P_{H_2O}$$

$P_{네온}$ = 745mm Hg – 368mmHg – 28.3mmHg = 349mmHg

54. 1.20 atm에서 천연 가스가 들어 있는 탱크의 내용물을 분석하였다. 분 석 결과는 몰 백분율로 88.6% CH_4, 8.9% C_2H_6, 2.5% C_3H_8였다. 탱크 안의 각 기체의 부분 압력은 얼마인가?

풀이) P_{tot} = 1.20 atm

$P_a = P_{tot}X_a$ where X_a is n_A/n_{total}

P_{CH4} = (1.20atm)(0.886) = 1.06 atm

$P_{C_2H_6}$ = (1.20 atm)(0.089) = 0.11 atm

$P_{C_3H_8}$ = (1.20 atm)(0.025) = 0.030 atm

55. 25℃에서 젖은 수소 기체 시료를 125mL 플라스크에 채웠더니 압력은 769mmHg이었다. 가열하여 모든 물을 제거하였다면 37℃의 온도와 722mmHg의 압력에서 마른 수소가 차지하는 부피

는 얼마인가? (25℃에서 수증기 압력은 23.8 mm Hg이다.)

풀이)

$P_{TOTAL} = P_{H_2} + P_{H_2O}$

$P_{H_2} = P_{TOTAL} - P_{H_2O}$ = 769mmHg – 23.8 mmHg = 745 mmHg

P_{H_2} = 745mmHg × $\frac{1atm}{760mmHg}$ = 0.981 atm

V_{H_2} = 125 mL × $\frac{1L}{1000mL}$ = 0.125L

T = 25℃ + 273.15 = 298K

마른 수소 기페 몰수 : $n_{H_2} = \frac{PV}{RT} = \frac{(0.981atm)(0.125L)}{(0.0821L{\cdot}atm/mol{\cdot}K)(298K)}$ = 5.01 × 10^{-3} mol H_2

P = 722 mmHg × $\frac{1atm}{760mmHg}$ = 0.950 atm

T = 37℃ + 273.15 = 310K

n_{H_2} = 5.01 × 10^{-3} mol H_2

V_{H_2} = ?

$$V_{H_2} = \frac{(5.01\times10^{-3}mol\ \ H_2)(0.0821L{\cdot}atm/mol{\cdot}K)(310K)}{(0.950atm)}$$

= 0.134L (134 mL)

56. 소듐 금속은 다음과 같이 물과 완전히 반응을 한다. 생성된 수소 기체를 25.08℃에서 수상 포집 하였다. 1.00 atm에서 부피는 246mL로 측정되었다. 반응에 사용된 소듐의 질량(g)을 계산하라. (258℃에서 수증기압은 0.0313atm)

풀이)

균형 맞춘 반응식: 2Na(s) + $2H_2O$ -> H_2(g) + 2NaOH(aq)

$$P_{H_2} = P_{Total} - P_{H_2O} = 1.00\ \text{atm} - 0.0313\ \text{atm} = 0.97\ \text{atm}$$

$$n_{H_2} = \frac{P_{H_2}V}{RT} = \frac{(0.97\ \text{atm})(0.246\ \text{L})}{\left(0.0821\ \frac{\text{L}\cdot\text{atm}}{\text{mol}\cdot\text{K}}\right)(25 + 273)\text{K}} = 0.0098\ \text{mol H}_2$$

균형 맞춘 반응식에서 Na와 H_2 몰비=2:1

$$\textbf{? g Na} = 0.0098\ \text{mol H}_2 \times \frac{2\ \text{mol Na}}{1\ \text{mol H}_2} \times \frac{22.99\ \text{g Na}}{1\ \text{mol Na}} = \textbf{0.45 g Na}$$

57. NH_3 기체는 가열하면 질소와 수소 기체로 완전히 분해된다. 전체 압력이 866mmHg 라면 N_2와 H_2의 부분 압력을 계산하라.

풀이)

$P_i = X_i P_T$

균형 맞춘 반응식: $2NH_3(g) \longrightarrow N_2(g) + 3H_2(g)$

H_2 와 N_2몰분율:

X_{H2}=3mol/(3mol+1mol) =0.750

X_{N2}=3mol/(3mol+1mol) =0.250

H_2와 N_2의 부분 압력:

$$P_{H_2} = X_{H_2} P_T = (0.750)(866 \text{ mmHg}) = \mathbf{650\ mmHg}$$

$$P_{N_2} = X_{N_2} P_T = (0.250)(866 \text{ mmHg}) = \mathbf{217\ mmHg}$$

58. 25°C에서 1.04 L 용기에 헬륨 기체 2.41g과 네온 기체 2.79g으로 이루어진 혼합물이 들어있다. 각 기체의 부분 압력과 용기내의 전체 압력은 얼마일까?

풀이)

몰질량: He, 4.003 g; Ne, 20.18 g; 25°C = 298 K

$$2.41\text{g He} \times \frac{1 \text{ mol He}}{4.003 \text{ g He}} = 0.602 \text{ mol He}$$

$$2.79\text{g Ne} \times \frac{1 \text{ mol Ne}}{20.18 \text{ g Ne}} = 0.138 \text{ mol Ne}$$

$$P_{헬륨} = \frac{n_{helium}RT}{V} = \frac{(0.602 \text{ mol})(0.08206 \text{ L atm mol}^{-1} \text{ K}^{-1})(298 \text{ K})}{(1.04 \text{ L})} = 14.2\text{atm}$$

$$P_{네온} = \frac{n_{neon}RT}{V} = \frac{(0.138 \text{ mol})(0.08206 \text{ L atm mol}^{-1} \text{ K}^{-1})(298 \text{ K})}{(1.04 \text{ L})} = 3.25\text{atm}$$

$$P_{전체} = 14.2\text{atm} + 3.25\text{atm} = 17.5\text{atm}$$

59. 27°C에서 9.87L 용기에 Ne기체 1.28g과 Ar기체 2.49g이 들어있는 용기 안 압력은 얼마일까?

풀이) 몰질량: Ne, 20.18 g; Ar, 39.95 g; 27°C = 300 K

$$1.28\text{g Ne} \times \frac{1 \text{ mol Ne}}{20.18 \text{ g Ne}} = 0.06343 \text{ mol Ne}$$

$2.49g\ Ar \times \dfrac{1\ mol\ Ar}{39.95\ g\ Ar} = 0.06233\ mol\ Ar$

$P_{네온} = \dfrac{n_{neon}RT}{V} = \dfrac{(0.06343\ mol)(0.08206\ L\ atm\ mol^{-1}\ K^{-1})(300\ K)}{(9.87\ L)} = 0.1582atm$

$P_{아르곤} = \dfrac{n_{argon}RT}{V} = \dfrac{(0.06233\ mol)(0.08206\ L\ atm\ mol^{-1}\ K^{-1})(300\ K)}{(9.87\ L)} = 0.1555atm$

$P_{전체} = 0.1582atm + 0.1555atm = 0.314atm$

60. 300K에서 용기 내 전체 압력이 9.21atm이다. 이 용기 내에 산소 기체 52.5g과 이산화탄소 기체 65.1g의 혼합물이 들어있다면, 각 기체의 부분 압력(atm)은 얼마일까?

풀이)

52.5g O_2 = 1.641 mol O_2; 65.1g CO_2 = 1.479 mol CO_2; 전체 몰수= 3.120 mol

$P_{산소} = 9.21\ atm \times \dfrac{1.641\ mol\ O_2}{3.120\ mol\ total} = 4.84\ atm\ O_2$

$P_{이산화탄소} = 9.21\ atm \times \dfrac{1.479\ mol\ CO_2}{3.120\ mol\ total} = 4.37\ atm\ CO_2$

61. 수소를 25℃와 748mmHg에서 물 위에서 250mL 플라스크에 수집하였다. 물의 증기압은 25℃에서 23.8mmHg이다.

a. 수소의 부분 압력은 얼마인가?
b. 물 몇 몰이 플라스크 안에 있는가?
c. 마른 기체 몇 몰이 수집되는가?
d. 0.0186g의 He을 같은 온도에서 플라스크에 가하면 플라스크 안의 헬륨의 부분 압력은 얼마인가?
e. 헬륨을 가한 후에 플라스크 안의 전체 압력은 얼마인가?

풀이)

a. $P_{H_2} = P_{전체} - P_{H_2O} = 748\ mmHg - 23.8\ mmHg = 724\ mmHg$

b. $P_{H_2O} = 23.8\ mmHg \times \frac{1atm}{760mmHg} = 0.0313\ atm$

$V = 250mL \times \frac{1L}{1000mL} = 0.250\ L$

$T = 25℃ + 273.15 = 298\ K$

$n = \frac{PV}{RT} = \frac{(0.313\ atm)(0.250\ L)}{(0.0821L \cdot atm/mol \cdot K)(298K)} = 3.20 \times 10^{-4}\ mol\ H_2O$

c. $P_{H_2} = 724\ mmHg \times \frac{1atm}{760mmHg} = 0.953\ atm$

$$n = \frac{PV}{RT} = \frac{(0.953\ atm)(0.250\ L)}{(0.0821 L\cdot atm/mol\cdot K)(298K)} = 9.74 \times 10^{-3}\ mol\ H_2$$

d. n_{He} = 0.0186 g He × $\frac{1mol}{4.003g}$ = 0.00465 mol He

$$P_{전체} = \frac{n_{전체}RT}{V}$$

$$P_{전체} = \frac{(0.000320+0.00974+0.00465)mol(0.0821L\cdot atm/mol\cdot K)(298K)}{0.250\ L} = 1.44\ atm$$

62. 27°C에서 물의 증기압이 26.7mmHg이다. 물의 전체 압력은 850mmHg이고 27°C에서 수증기로 포화되어 있는 산소 기체의 부분 압력은 얼마일까?

풀이). $P_{산소} = P_{전체} - P_{물증기압}$ = 850 – 26.7 = 823.3mmHg

63. 24°C에서 3% 과산화수소(H_2O_2)수용액을 분해하여 산소 기체 500mL가 발생 하였다.

$$2H_2O_2(aq) \text{ -> } 2\ H_2O(g) + O_2(g)$$

이때 산소 기체를 수상 치환으로 포집 하였으며, 전체 압력은 755mmHg이었다면, 혼합물에서 산소 기체의 부분 압력과 몰수는 얼마인가? (24°C에서 물 증기압은 23mmHg)

풀이) $P_{산소} = P_{전체} - P_{물증기압}$ = (755 – 23) mm Hg = 732mmHg = 0.9632tm

T = 24°C + 273 = 297 K; V = 500. mL = 0.500 L

$$n = \frac{PV}{RT} = \frac{(0.9632\ atm)(0.500\ L)}{(0.08206\ L\ atm\ mol^{-1}\ K^{-1})(297\ K)} = = 1.98 \times 10^{-2}\ mol\ O_2$$

64. 금속 아연과 염산 수용액을 반응하면 소량의 수소기체가 발생한다

Zn(g) + 2HCl(aq) -> ZnCl(aq) + H_2(g)

대개 수상 치환으로 모은 수소 기체는 수증기로 포화된다. 30°C에서 모은 수소 기체 240mL의 전체 압력은 1.032atm이다. 이 시료에서 수소 기체의 부분 압력과 몰수는 얼마일까? 이때 반응한 아연의 질량은 얼마일까? (30°C에서 물의 증기압: 32torr)

풀이)

1.032 atm = 784.3 mm Hg; Zn 몰질량 = 65.38 g

$P_{수소}$ = 784.3 mm Hg – 32 mm Hg = 752.3 mm Hg = 0.990 atm

V = 240 mL = 0.240 L; T = 30°C + 273 = 303K

$$수소\ 몰수 = \frac{(0.990\ atm)(0.240\ L)}{(0.08206\ L\ atm\ mol^{-1}\ K^{-1})(303\ K)} = 0.00956\ mol$$

$$0.00956\ H_2\ 몰수 \times \frac{1\ mol\ Zn}{1\ mol\ H_2} = 0.00956mol\ (반응\ Zn\ 몰수)$$

0.00956 Zn 몰수 × $\frac{65.38 \text{ g Zn}}{1 \text{ mol Zn}}$ = 0.625g Zn (반응 Zn 질량수)

65. 65°C, 700mmHg에서 30.0 mL의 He기체가 0°C , 1atm에서는 이 기체 부피는 얼마일까?

풀이) P_1 = 700 mm Hg　　　　P_2 = 1.00 atm = 760 mm Hg

V_1 = 30 mL　　　　V_2 = ?

T_1 = 65°C + 273 = 338 K　　　　T_2 = 273 K

$$V_2 = \frac{(273K)(700mmHg)(30.3mL)}{(338K)(760mmHg)} = 22.54mL$$

66. 얼음, 물, 수증기사이의 분자 배열과 인력에 대해 설명하라.

풀이)

물 분자는 얼음 결정에서 다소 규칙적이고 고정되어 있으며, 얼음 결정 내에 강한 수소 결합력이 존재한다. 액체 물에서는 분자가 더 이상 제자리에 고정되지 않을 정도로 더 자유롭다. 고체인 얼음에 비해 여전히 상대적으로 멀지만 수증기 물분자보다는 가깝기 때문에 강한 수소 결합력이 여전히 존재하여 어느 정도 형태를 유지한다. 증기에서 물 분자는 액체에서 빠져나올 만큼 충분한 운동 에너지를 가지고 있고, 증기에서 물 분자는 매우 멀리 떨어져 있고 각 물분자는 매우 빠르게 움직이며 소로의 인력이 거의 작용하지 않는다.

67. 알루미늄 금속의 몰 녹음열은 10.79kJ/mol이지만, 몰 기화열은293.4kJ/mol이다.

a. 정상 끓는점에서 알루미늄 1.00g이 기화하는 데 필요한 열량은 얼마인가?

b. 정상 어는점에서 5.00g의 액체 알루미늄이 얼 때, 얼마만큼의 열을 방출할까?

c. 정상 녹는점에서 0.105mol의 알루미늄이 녹을 때 필요한 열량은 얼마인가?

풀이) .

a. $$1.00 \text{ g Al} \times \frac{1 \text{ mol Al}}{26.98 \text{ g Al}} \times \frac{293.4 \text{ kJ}}{1 \text{ mol Al}} = 10.9 \text{ kJ}$$

b. $$5.00 \text{ g Al} \times \frac{1 \text{ mol Al}}{26.98 \text{ g Al}} \times \frac{-10.79 \text{ kJ}}{1 \text{ mol Al}} = -2.00 \text{ kJ}$$

c. $$0.105 \text{ mol Al} \times \frac{10.79 \text{ kJ}}{1 \text{ mol Al}} = 1.13 \text{ kJ}$$

68. 벤젠의 몰 녹음열은 9.92kJ/mol이며 몰 기화열은 30.7kJ/mol이다. 정상 녹는점에서 벤젠 8.25 g을 녹이는 데 필요한 열량을 계산하시오. 정상 끓는점에서 벤젠 8.25 g을 증발시키는 데 필요한 열량을 계산하시오. 왜 기화열이 녹음열에 비해 세 배나 클까?

풀이) C_6H_6 몰질량= 78.11 g

녹음: 8.25 g C_6H_6 × $\frac{1 \text{ mol } C_6H_6}{78.11 \text{ g } C_6H_6}$ × $\frac{9.92 \text{ kJ}}{1 \text{ mol } C_6H_6}$ = 1.05 kJ

기화: 8.25 g C_6H_6 × $\frac{1 \text{ mol } C_6H_6}{78.11 \text{ g } C_6H_6}$ × $\frac{30.7 \text{ kJ}}{1 \text{ mol } C_6H_6}$ = 3.24 kJ

고체가 액체로 되기 위해 분자들이 움직이려는 에너지(s→l)보다 액체가 기체로 될 때 분자간의 힘을 유지하는 것이 더 많은 에너지(l→v)가 소요된다.

69. 은에 대한 몰 녹음열과 몰 기화열은 각각 11.3kJ/mol과 250kJ/mol이다. 은의 정상 녹는점은 962°C이고, 정상 끓는점은2212°C이다. 962°C에서 은 12.5g을 녹이기 위한 열량은 얼마인가? 2212°C에서 4.59g의 은 증기를 응축시킬 때 방출되는 열량은 얼마인가?

풀이)

Ag 몰질량 = 107.9 g

녹음: 12.5g Ag × $\frac{1 \text{ mol Ag}}{107.9 \text{ g Ag}}$ × $\frac{11.3 \text{ kJ}}{1 \text{ mol Al}}$ = 1.31 kJ

응축: 4.59g Ag × $\frac{1 \text{ mol Ag}}{107.9 \text{ g Ag}}$ × $\frac{-250. \text{ kJ}}{1 \text{ mol Ag}}$ = −10.6 kJ

70. 물에 대한 몰 녹음열과 몰 기화열은 각각 6.02kJ/mol과 40.6kJ/mol이고, 액체 물의 비열은 4.18J/g°C이다. 0°C에서 얼음25.0g을 녹이는 데 필요한 열량은 얼마인가? 100°C에서 액체 물 37.5g을 기화하는 데 필요한 열량은 얼마인가? 액체 물 55.2g을 0°C에서 100°C로 가열하는 데 필요한 열량은 얼마인가?

풀이)

25.0g 얼음 (H_2O) = 1.39 mol H_2O

고체 얼음이 녹기 위한 에너지

1.39 mol H_2O × 6.02 kJ/mol = 8.35 kJ

37.5g 액체 H_2O = 2.08mol H_2O

액체 물이 증발하기 위한 에너지:

2.08mol H_2O × 40.6 kJ/mol = 84.5 kJ

Q = 55.2 g H_2O × 4.18 J/g°C × 100°C = 23074 J = 23.1 kJ

71. 98°C의 정상 녹는점에서 소듐 금속 1.00g을 녹이는 데 113J이필요하다. 소듐의 몰 녹음열을 계산하라.

풀이)

$$\frac{113\ J}{1.00\ g\ Na} \times \frac{22.99\ g\ Na}{1\ mol\ Na} = 2598\ J/mol = 2.60\ kJ/mol$$

72. 다음 각 물질들의 액체 상태에서 작용하는 분자간 힘은 어떤 형태인가?

a. Ne　　b. Co　　c. CH_3OH　　d. Cl_2

e. Kr　　f. S_8　　g. NF_3　　h. H_2O

풀이)

a. 런던힘

b. 쌍극자-쌍극자힘; 런던 분산력

c. 수소 결합; 런던 분산력

d. 런던 분산력

e. 런던 분산력

f. 수소 결합; 런던 분산력

g. 런던 분산력

h. 쌍극자-쌍극자힘; 런던 분산력

73. 다음 물질 중 끓는점이 더 낮을 것으로 예상되는 것은 어느 것인가? 이유를 설명하라.

a. $CH_3OH : CH_3CH_2CH_2OH$

b. $CH_3CH_3 : CH_3CH_2OH$

c. $H_2O : CH_4$

풀이)

a. 두물질 다 수소 결합이 존재하지만 몰질량의 차이로 더 작은 몰질량을 가진 물질(CH_3OH)이 더 낮은 런던 힘이 존재함으로 끓는 점이 더 낮다

$CH_3OH < CH_3CH_2CH_2OH$

b. CH_3CH_3: 런던 힘만 존재 < CH_3CH_2OH: 런던 힘 + 수소 결합

$CH_3CH_3 < CH_3CH_2OH$

c. $CH_4 < H_2O$ 수소결합 존재.

74. 다음 짝 물질 중 특정 온도에서 더 휘발성인 것은? 그 이유를 설명하라.

a. $H_2O(l)$: $H_2S(l)$

b. $H_2O(l)$: $CH_3OH(l)$

c. $CH_3OH(l)$: $CH_3CH_2OH(l)$

d. CH_3OCH_3: CH_3CH_2OH

풀이)

a. $H_2O(l)$ (수소결합) < H_2S 분자간 결합력이 약한 것이 더 휘발성이다)

b. CH_3OH > $H_2O(l)$ (강한 수소결합)

c. CH_3OH (수소 결합) > $CH_3CH_2OH(l)$ (수소결합: 작은 분자량 더 휘발성)

d. CH_3OCH_3 (쌍극자-쌍극자힘) > CH_3CH_2OH (수소결합)

75. 다음 각 물질에 존재하는 분자간 힘은 어떤 것인가?

a. 벤젠(C_6H_6) b. CH_3Cl c. PF_3
d. NaCl e. CS_2.

풀이)

a. 벤젠 (C_6H_6): 분산력

b. 클로로포름(CH_3Cl): 분산력 + 쌍극자-쌍극자 힘

c. 삼불화인(PF_3): 분산력 + 쌍극자-쌍극자 힘

d. 염화소듐(NaCl) : 이온-이온간힘 +분산력

e. 이황화탄소(CS_2) : 분산력

76. 수소 결합이 존재하는 물질은 어느 것인가?

a. C_2H_6 b. HI c. KF d. BeH_2 e. CH_3COOH

풀이) e. CH_3COOH

77. 끓는점이 커지는 순으로 나열하고 이유를 설명 하라.

CH_3Br, RbF, CO_2, CH_3OH.

풀이) CO_2 < CH_3Br < CH_3OH < RbF

CO_2 : 비극성 분자, 약한 분산력만 존재(작은 몰질량)

CH_3Br : 극성 분자, 분산력 + 쌍극자-쌍극자 힘

CH_3OH : 극성 분자, 수소 결합 + 강한 쌍극자-쌍극자 힘+ 분산력

RbF : 이온성 화합물, 이온-이온간의 힘(가장 높은 끓는점 제공)

78. 끓는점이 더 높은 것은 어느 것인가?

a. O_2: N_2

b. SO_2 : CO_2

c. HF: HI

d. Ne : Xe

e. CO_2 : CS_2

f. CH_4 : Cl_2

g. F_2 : LiF

h. NH_3 : PH_3

풀이)

a. $O_2 > N_2$: (강한 분산력).

b. $SO_2 > CO_2$ (강한 분산력).

c. HF > HI (수소 결합)

d. Ne < Xe (강한 분산력)

e. $CO_2 < CS_2$ (강한 분산력)

f. $CH_4 < Cl_2$ (강한 분산력)

g. F_2 < LiF (이온-이온간의 힘)

h. $NH_3 > PH_3$ (수소 결합)

제 5 장

1. 포화용액이란 무엇을 의미하는가?

풀이) 포화 용액은 특정 온도에서 가능한 최대 양의 용질을 포함하는 용액이고, 용해되지 않은 용질과 용매가 평형을 이루는 용액이다.

2. 다음 화합물들을 물에 대한 용해도가 증가하는 순서로 나열하라.

O_2 LiCl Br_2 CH_3OH

풀이) $O_2 < Br_2 < LiCl < CH_3OH$.

CH_3OH: 강한 수소 결합으로 물에 잘 섞임

LiCl: 이온성 고체로 물과 높은 극성, 높은 용해력

O_2 , Br_2 : 비극성 물질, 약한 분산력, Br_2 (산소보다 큰 분자이고, 쌍극자-유도쌍극자)

3. 다음 용액의 질량 백분율을 계산하라.

a. 용액 78.2g, 용질 NaBr 5.50g

b. 용매 물 152g, 용질 KCl 31.0g,

c. 벤젠 29 g 중 톨루엔 4.5g.

풀이)

a. $$\frac{5.50\ \text{g NaBr}}{78.2\ \text{g soln}} \times 100\% = \mathbf{7.03\%}$$

b. $$\frac{31.0\ \text{g KCl}}{(31.0 + 152)\ \text{g soln}} \times 100\% = \mathbf{16.9\%}$$

c. $$\frac{4.5\ \text{g toluene}}{(4.5 + 29)\ \text{g soln}} \times 100\% = \mathbf{13\%}$$

4. 다음 용액의 질량 백분율을 계산하라.

a. 용매 10.5g + 용질 KCl 3.5g,

b. 용매 25.0g + 용질 KCl 3.5g

c. 용매 35.5g + 용질 KCl 3.5g

d. 용매 45.5g + 용질 KCl 3.5g

e. 용매 85.5g + 용질 $CaCl_2$ 3.5g

f. 용매 39.5g + 용질 $CaCl_2$ 3.5g

g. 용매 305g + 용질 $CaCl_2$ 3.5g

h. 용매 0.055g+ 용질 $CaCl_2$ 2.00 mg

풀이)

a. $\frac{3.5g}{3.5g+10.5g}\times 100 = 25.0\%$ KCl

b. $\frac{3.5g}{3.5g+25.0g}\times 100 = 12.3\%$ KCl

c. $\frac{3.5g}{3.5g+35.5g}\times 100 = 9.0\%$ KCl

d. $\frac{3.5g}{3.5g+45.5g}\times 100 = 7.1\%$ KCl

e. $\frac{3.5g}{3.5g+85.5g}\times 100 = 39.3\%$ $CaCl_2$

f. $\frac{3.5g}{3.5g+39.5g}\times 100 = 8.1\%$ $CaCl_2$

g. $\frac{3.5g}{3.5g+305g}\times 100 = 11.3\%$ $CaCl_2$

h. $\frac{0.0002g}{0.0002g+0.055g}\times 100 = 0.36\%$ $CaCl_2$

5. 요소[$(NH_2)_2CO$] 5.00g 으로 질량 백분율 16.2%인 용액을 만들려면 물을 몇 g 가해야 할까?

풀이)

$$16.2\% = \frac{5.00g}{5.00g+\text{물질량}}\times 100\%$$

(0.162)(물질량) = 5.00 g – (0.162)(5.00g)

물질량 = 25.9 g

6. 철 90.1g, 탄소 3.85g, 크로뮴 1.24g으로 된 물질의 각 성분의 질량 백분율을 구하라.

풀이) 전체 질량= 90.1 g + 3.85 g + 1.24 g = 95.19 g

$$\%Fe = \frac{90.1g}{95.19g}\times 100 = 94.7\%$$

$$\%C = \frac{3.85g}{95.19g}\times 100 = 4.00\%$$

$$\%Cr = \frac{1.24g}{95.19g}\times 100 = 1.30\%$$

7. 7.51%의 질산 암모늄 수용액 1.25kg을 만들려고 한다. 필요한 물과 질산 암모늄의 양을 구하라.

풀이)

1.25 kg = 1.25×10^3 g

질산 암모늄 양: $\frac{7.51g}{100g} = \frac{xg}{1250g}$: x= 93.9 g NH_4NO_3

물의 양: 1.25×10^3 g – 93.9 g NH_4NO_3 = 1156.1 g (1.16×10^3 g 물)

8. 물 300g에 $CaCl_2$ 20.1g을 녹였다. 염화 칼슘의 질량 백분율을 구하라.

풀이)

$$\frac{20.1g}{20.1g+300g}\times 100 = 62.8\%\ CaCl_2$$

9. 3.50% $SrCl_2$용액 200g을 만들려고 한다. 필요한 $SrCl_2$의 양을 구하라.

풀이)

$$200g \times \frac{3.5g}{100g} = 7.0g\ SrCl_2$$

10. 3.0% 과산화 수소수는 다음 식과 같이 물과 산소로 분해된다. 산소 기체 5.00g을 생성하려면 필요한 과산화 수소 수는 얼마일까?

$$2\ H_2O_2(aq) \rightarrow 2\ H_2O(l) + O_2(g)$$

풀이)

O_2 몰질량= 32.00 g

$$5.00\ g\ O_2 \times \frac{1\ mol}{32.00\ g} = 0.156mol\ O$$

H_2O_2 몰질량= 34.02 g

$$0.156mol\ H_2O_2 \times 2 \times \frac{34.02\ g\ H_2O_2}{1\ mol\ H_2O_2} = 10.61g\ H_2O_2$$

$$10.61g\ H_2O_2 \times \frac{100g}{3.0g} = 353.67\ g$$

11. 진한 황산은 98.3% 수용액으로 이 황산 수용액 2.00L에 황산의 질량은 얼마일까?

풀이)

$2.00\ L = 2.00 \times 10^3\ mL$

$2.00 \times 10^3\ mL$ solution $\times$ 1.84g/mL = 1840 g solution = 3.68×10^3 g solution

$3.68 \times 10^3 g \times (98.3g/100g) = 3.62 \times 10^3 g\ H_2SO_4$

12. 92.50% Fe 이 포함된 0.250g 의 철선을 HCl 에 녹이고, 브롬 수와 반응하여 Fe^{3+}로 산화시킨 후 $SnCl_2$(II)과 완전히 반응시키면 22.0mL $SnCl_2$(II)이 소모되었다면, $SnCl_2$(II)용액의 몰농도는 얼마일까?

풀이)

반반응식: Fe^{3+} (aq) + e- → Fe^{2+} (aq), Sn^{2+}(aq) → Sn^{4+}(aq) 2e-

균형 맞춘 반응식: $2Fe^{3+}$ aq) + Sn^{2+}(aq) -> $2Fe^{2+}$ (aq) +Sn^{4+} aq)

염화 주석(II) 용액의 몰농도

철질량=0.250 g x$\frac{92.50g}{100g}$ =0.231g

$SnCl_2$ 몰수 =0.231g x $\frac{1mol}{55.85g}$ =2.07 x10-3mol

$SnCl_2$ 몰농도 =$\frac{2.07\ x\ 10^{-3}}{0.022}$(mol/L)=0.0941M

13. 용액의 총 부피와 용질의 몰수와 다음과 같이 주어졌다면, 각 용액의 몰농도를 계산하라.

a. 용액 125mL : 용질 NaCl 0.521mol;

b. 용액 250mL : 용질 NaCl 0.521mol;

c. 용액 500mL : 용질 NaCl 0.521mol;
d. 용액 1.00L : 용질 NaCl 0.521mol;
e. 용액 225mL : 용질 KNO_3 0.754mol;
f. 용액 10.2mL : 용질 $CaCl_2$ 0.0105mol;
g. 용액 5.00L : 용질 NaCl 3.15mol;
h. 용액 100mL : 용질 NaBr 0.499mol;

풀이)

a. 125mL = 0.125L

$$M = \frac{0.521 \text{ mol}}{0.125 \text{ L}} = 4.17\text{M}$$

b. 250mL = 0.250L

$$M = \frac{0.521 \text{ mol}}{0.250 \text{ L}} = 2.08\text{M}$$

c. 500mL = 0.500L

$$M = \frac{0.521 \text{ mol}}{0.500 \text{ L}} = 1.04\text{M}$$

d. $$M = \frac{0.521 \text{ mol}}{1.00 \text{ L}} = 0.521\text{M}$$

e. 225 mL = 0.225 L

$$M = \frac{0.754 \text{ mol } KNO_3}{0.225 \text{ L}} = 3.35 \text{ M}$$

f. 10.2 mL = 0.0102 L

$$M = \frac{0.0105 \text{ mol } CaCl_2}{0.0102 \text{ L}} = 1.03\text{M}$$

g. $$M = \frac{3.15 \text{ mol NaCl}}{5.00 \text{ L}} = 0.630\text{M}$$

h. 100. mL = 0.100 L

$$M = \frac{0.499 \text{ mol NaBr}}{0.100 \text{ L}} = 4.99\text{M}$$

14. 0.220M $CaCl_2$ 용액 314mL를 만들려면, $CaCl_2$ 몇 g 필요할까?

풀이)

$CaCl_2$ 몰질량= 110.98 g; 314mL = 0.314 L

0.314 L × 0.220M × 110.98g = 7.67g $CaCl_2$

15. 1.121M NH_4Cl 용액 300mL를 만들 때 필요한 NH_4Cl은 몇 g일까?

풀이)

HCHO 몰질량= 30.026 g; 300 mL = 0.3L

0.3L × 1.121M × 30.026g = 3.029g

16. 500.0 mL 부피 플라스크에 $CaCO_3$ 2.45g을 넣고 염산을 가해 녹인 다음 표선까지 물을 첨가하여 묽혔다. 칼슘 이온의 몰농도를 계산하라.
풀이)

$CaCO_3$ 몰질량 = 100.1 g; 500.0mL = 0.500L

$$2.45g\ CaCO_3 \times \frac{1\ mol}{100.1\ g} = 0.02448\ mol\ CaCO_3$$

$$M = \frac{0.02448mol}{0.500L} = 0.04896M$$

17. 다음 각 용액에 들어있는 용질은 몇 mol인가?
a. 0.104M HCl 용액 12.5 mL
b. 0.223M NaOH 용액 27.3 mL
c. 0.501M HNO_3 용액 36.8 mL
d. 0.749M KOH 용액 47.5 mL
풀이)
a. 12.5mL = 0.0125L

$$0.0125L\ solution \times \frac{0.104\ mol\ HCl}{1.00\ L\ solution} = 0.00130\ mol\ HCl$$

b. 27.3mL = 0.0273L

$$0.0273L\ solution \times \frac{0.223\ mol\ NaOH}{1.00\ L\ solution} = 0.00609\ mol\ NaOH$$

c. 36.8mL = 0.0368L

$$0.0368L\ solution \times \frac{0.501\ mol\ HNO_3}{1.00\ L\ solution} = 0.0184\ mol\ HNO_3$$

d. 47.5mL = 0.0475 L

$$0.0475L\ solution \times \frac{0.749\ mol\ KOH}{1.00\ L\ solution} = 0.0356\ mol\ KOH$$

18. 다음 각 용액에 들어있는 용질의 질량은 얼마인가?
a. 13.1M HCl 용액 2.50 L
b. 0.155M NaOH 용액 15.6 mL
c. 2.01M HNO_3 용액 135 mL
d. 0.515*M* $CaCl_2$ 용액 4.21 L
풀이)

$$a.\ 2.50L\ solution \times \frac{13.1\ mol\ HCl}{1.00\ L\ solution} = 32.75mol\ HCl$$

몰질량 HCl = 36.46g

18.75 mol HCl × $\frac{36.46 \text{ g HCl}}{1 \text{ mol HCl}}$ = 1194g HCl = 1.19 × 10^3g HCl

b. 15.6mL = 0.0156L

0.0156L solution × $\frac{0.155 \text{ mol NaOH}}{1.00 \text{ L solution}}$ = 0.002418 mol NaOH

몰질량 NaOH = 40.00g

0.002418mol NaOH × $\frac{40.00 \text{ g NaOH}}{1 \text{ mol}}$ = 0.0967 g NaOH

c. 135 mL = 0.135 L

0.135L solution × $\frac{2.01 \text{ mol } HNO_3}{1.00 \text{ L solution}}$ = 0.2714 mol HNO_3

몰질량 HNO_3 = 63.02 g

0.2714mol HNO_3 × $\frac{63.02 \text{ g } HNO_3}{1 \text{ mol}}$ = 17.1 g HNO_3

d. 4.21L solution × $\frac{0.515 \text{ mol } CaCl_2}{1.00 \text{ L solution}}$ = 2.168 mol $CaCl_2$

$CaCl_2$ = 111.0 g

2.168 mol $CaCl_2$ × $\frac{111.0 \text{ g } CaCl_2}{1 \text{ mol}}$ = 241 g $CaCl_2$

19. 다음 각 용액에 들어있는 용질의 질량은 몇 g인가?

a. 0.119M CaCl2 용액 17.8 mL

b. 0.288M KCl 용액 27.6 mL

c. 0.399M FeCl3 용액 35.4 mL

d. 0.559M KNO3 용액 46.1 mL

풀이)

a. 몰질량 $CaCl_2$ = 110.98g; 17.8mL = 0.0178 L

0.0178 L solution × $\frac{0.119 \text{ mol } CaCl_2}{1 \text{ L solution}}$ × $\frac{110.98 \text{ g } CaCl_2}{1 \text{ mol } CaCl_2}$ = 0.235g $CaCl_2$

b. 몰질량 KCl = 74.55 g; 27.6 mL = 0.0276 L

0.0276 L solution × $\frac{0.288 \text{ mol KCl}}{1 \text{ L solution}}$ × $\frac{74.55 \text{ g KCl}}{1 \text{ mol KCl}}$ = 0.593 g KCl

c. 몰질량 $FeCl_3$ = 162.2 g; 35.4 mL = 0.0354 L

0.0354 L solution × $\frac{0.399 \text{ mol } FeCl_3}{1 \text{ L solution}}$ × $\frac{162.2 \text{ g } FeCl_3}{1 \text{ mol } FeCl_3}$ = 2.29g $FeCl_3$

d. 몰질량 KNO_3 = 101.11g; 46.1 mL = 0.0461 L

$$0.0461 \text{ L solution} \times \frac{0.559 \text{ mol } KNO_3}{1 \text{ L solution}} \times \frac{101.11 \text{ g } KNO_3}{1 \text{ mol } KNO_3} = 2.61\text{g } KNO_3$$

20. 아세톤 (d=0.790 g/mL) 35.0mL를 50.0mL의 에틸 알코올 C_2H_6O(d=0.789 g/mL)에 녹였다. 다음을 계산하라.

a. 용액에서 아세톤의 질량 백분율

b. 용액에서 에틸 알코올의 부피 백분율

c. 용액에서 아세톤의 몰분율

풀이)

a. 아세톤 질량: $35.0\text{mL} \times \frac{0.790G\ acetone}{1mL\ acetone} = 27.6\text{g}$

에틸 알코올 질량: $50.\text{mL} \times \frac{0.789g\ ethanol}{1mL\ ethanol} = 39.4\text{g}$

용액 질량=$27.6\text{g} + 39.4\text{g} = 67.0\text{g}$

아세톤의 질량 백분율 $= \frac{27.6mL}{67.0mL} \times 100\% = 41.2\%$

b.

아세톤 부피 =35.0mL

에틸 알코올 부피 =50mL

용액 부피 =35.0mL + 50.0mL = 85.0mL

에틸 알코올 부피% $= \frac{50.0mL}{85.0mL} \times 100\% = 58.8\%$

c.

아세톤 몰수(C_3H_6O)$=35.0\text{mL} \times \frac{0.790gC_3H_6O}{mLC_3H_6O} \times \frac{1mol\ C_3H_6O}{58.08g\ C_3H_6O} = 0.476\text{mol}\ C_3H_6\text{O}$

에틸 알코올 몰수(C_2H_6O) $= 50.0\text{mL} \times \frac{0.789\ g\ C_2H_6O}{mL\ C_2H_6O} \times \frac{1mol\ C_2H_6O}{46.07g\ C_2H_6O} = 0.856\text{mol}\ C_2H_6\text{O}$

전체 몰수= 0.476 mol +0.856 mol = 1.332 mol

아세톤 몰분율$= \frac{0.476\ mol}{1.332\ mol} = 0.357$

21. 혈액 1.00 g에 몇 몰의 납 이 있으면 0.250 ppm이 되는가?

풀이)

납의 질량= 2.50×10^{-7}g Pb

납의 몰수= (2.50×10^{-7}g Pb /207.2g) =1.21×10^{-9} mol

22. 다음 각 용액에 들어있는 각 이온의 몰수를 계산하시오.

a. 0.451M $AlCl_3$ 용액 10.2mL

b. 0.103M Na_3PO_4 용액 5.51 L

c. 1.25M $CuCl_2$ 용액 1.75mL

d. 0.00157M $Ca(OH)_2$ 용액 25.2mL

풀이)

a. 10.2mL = 0.0102L

$$0.0102\text{L} \times \frac{0.451 \text{ mol } AlCl_3}{1.00 \text{ L}} \times \frac{1 \text{ mol } Al^{3+}}{1 \text{ mol } AlCl_3} = 4.60 \times 10^{-3} \text{ mol } Al^{3+}$$

$$0.0102L \times \frac{0.451 \text{ mol } AlCl_3}{1.00 \text{ L}} \times \frac{3 \text{ mol } Cl^-}{1 \text{ mol } AlCl_3} = 1.38 \times 10^{-2} \text{ mol } Cl^-$$

b. $$5.51 \text{ L} \times \frac{0.103 \text{ mol } Na_3PO_4}{1.00 \text{ L}} \times \frac{3 \text{ mol } Na^+}{1 \text{ mol } Na_3PO_4} = 1.70 \text{ mol } Na^+$$

$$5.51L \times \frac{0.103 \text{ mol } Na_3PO_4}{1.00 \text{ L}} \times \frac{1 \text{ mol } PO_4^{3-}}{1 \text{ mol } Na_3PO_4} = 0.568 \text{ mol } PO_4^{3-}$$

c. 1.75 mL = 0.00175 L

$$0.00175L \times \frac{1.25 \text{ mol } CuCl_2}{1.00 \text{ L}} \times \frac{1 \text{ mol } Cu^{2+}}{1 \text{ mol } CuCl_2} = 2.19 \times 10^{-3} \text{ mol } Cu^{2+}$$

$$0.00175L \times \frac{1.25 \text{ mol } CuCl_2}{1.00 \text{ L}} \times \frac{2 \text{ mol } Cl^-}{1 \text{ mol } CuCl_2} = 4.38 \times 10^{-3} \text{ mol } Cl^-$$

d. 25.2mL = 0.0252L

$$0.0252L \times \frac{0.00157 \text{ mol } Ca(OH)_2}{1.00 \text{ L}} \times \frac{1 \text{ mol } Ca^{2+}}{1 \text{ mol } Ca(OH)_2} = 3.96 \times 10^{-5} \text{ mol } Ca^{2+}$$

$$0.0252L \times \frac{0.00157 \text{ mol } Ca(OH)_2}{1.00 \text{ L}} \times \frac{2 \text{ mol } OH^-}{1 \text{ mol } Ca(OH)_2} = 7.91 \times 10^{-5} \text{ mol } OH^-$$

23. 1.262M 황화 포타슘 용액 0.7850L 를 물로 묽혀서 최종 부피가 2.000L 가 되도록 하여 용액을 만들었다.

a. 원래의 용액에는 몇 그램의 황화 포타슘이 들어 있는가?

b. 묽힌 황화 포타슘 용액의 몰농도, K^+의 몰농도, S^{2-}의 몰농도는 얼마인가?

풀이) $K_2S(s) \rightarrow 2K^+(aq) + S^{2-}(aq)$

a. $0.7850 \text{ L} \times \frac{1.262 \text{ mol } K_2S}{L} \times \frac{110.27gK_2S}{1mol \ K_2S} = 109.2 \text{ g } K_2S$

b. K_2S 몰농도$= \frac{109.2gK_2S \times \frac{1mol \ K_2S}{110.27g \ K_2S}}{2.000L} = 0.4951 \text{ M}$

K^+ 몰농도 $= \frac{109.2g \ K_2S \times \frac{1 \ mol \ K_2S}{110.27g \ K_2S} \times \frac{2mol \ K^+}{1mol \ K_2S}}{2.000L} = 0.9903 \text{ M}$

S^{2-}몰농도 $= \frac{109.2g \ K_2S \times \frac{1mol \ K_2S}{110.27g \ K_2S} \times \frac{1mol \ S^{2-}}{1mol \ K_2S}}{2.000 \ L} = 0.4951 \text{ M}$

24. 물 500g 에 녹아 있는 설탕($C_{12}H_{22}O_{11}$) 20g 용액의 몰랄 농도는?

풀이)

설탕 몰수 = 20g /342.3g = 0.0584mol

몰랄 농도 =0.0584mol/0.5kg = 0.1168m

25.

a. 2.50M NaCl 용액(용액 밀도= 1.08 g/mL)의 몰랄 농도는?

b. 질량 백분율로 48.2%의 KBr 용액의 몰랄 농도는?.

풀이)

a. 1L 용액의 질량: 1000mL × (1.08g/1mL) =1080g

1080g – (2.5mol × 58.44g/mol)=934g=0.934kg

$$m = \frac{2.50 \text{ mol NaCl}}{0.934 \text{ kg } H_2O} = \mathbf{2.68\ m}$$

b. 100 g 용액= 48.2 g KBr + 51.8 g H_2O.

$$\text{mol of KBr} = 48.2 \text{ g KBr} \times \frac{1 \text{ mol KBr}}{119.00 \text{ g KBr}} = 0.405 \text{ mol KBr}$$

$$\text{mass of } H_2O \text{ (in kg)} = 51.8 \text{ g } H_2O \times \frac{1 \text{ kg}}{1000 \text{ g}} = 0.0518 \text{ kg } H_2O$$

$$m = \frac{0.405 \text{ mol KBr}}{0.0518 \text{ kg } H_2O} = \mathbf{7.82\ m}$$

26. a. 0.99M 슈크로즈($C_{12}H_{22}O_{11}$) 용액(용액 밀도=1.12g/mL) 몰랄 농도는?

b. 3.24M $NaHCO_3$ 용액(용액 밀도=1.19g/mL) 몰랄 농도는?

풀이)

a. $C_{12}H_{22}O_{11}$ 질량 = 0.99mol × 342.3g/mol =333.88g (0.334kg)

물의 질량=1000mL × 1.12g/mL=1120g(1.12kg)

몰랄 농도 =0.99mol /(1.12-0.334)kg =1.260m

b. $NaHCO_3$ 질량 = 3.24mol × 84.01g/mol =272.19g (0.272kg)

용매(물)의 질량 = 1190g – 272.19g =917.81g(0.918kg)

몰랄 농도 =3.24mol /0.918kg =3.53m

27. 진한 황산은 질량 비로 98.0% H_2SO_4이라 한다. 이 황산 용액의 몰랄 농도와 몰농도를 계산하라. (용액 밀도: 1.83g/mL)

풀이)

a. $$98.0 \text{ g } H_2SO_4 \times \frac{1 \text{ mol } H_2SO_4}{98.09 \text{ g } H_2SO_4} = 0.999 \text{ mol } H_2SO_4$$

$$2.0 \text{ g } H_2O \times \frac{1 \text{ kg}}{1000 \text{ g}} = 2.0 \times 10^{-3} \text{ kg } H_2O$$

$$m = \frac{0.999mol}{2.0\ x\ 10^{-3}} = 5.0 \text{ x } 10^2\text{m}$$

용액의 부피= 100.0g x (1mL/1.83g) =54.6mL =0.0546 l

M = 0.999mol/0.0546 =18.3M

28. NH_3 30.0g 과 물 70.0g 의 용액에 대한 몰농도와 몰랄농도를 계산하라. (용액밀도: 0.982 g/mL)

풀이)

NH_3 몰수 $= 30.0\text{g x } \frac{1mol}{17.03g}$ =1.76mol

용액부피 $= 100.0\text{g x } \frac{1mL}{0.982g}$ =102mL (0.102L)

몰농도: $\frac{1.76mol}{0.102L}$ =17.3M,

몰랄농도: $\frac{1.76mol}{0.07kg}$ =25.1m

29. 다음 새로운 용액의 몰농도를 계산하라. (전체 부피≒ (용액+물) 부피)

a. 0.119M NaCl 25mL 용액에 물 55mL를 가하였을 때

b. 0.701M NaOH 45.3mL 용액에 물 125mL를 가하였을 때

c. 3.01M KOH 25mL 용액에 물 550mL를 가하였을 때

d. 2.07M $CaCl_2$ 25mL 용액에 물 335mL를 가하였을 때

e. 0.251M HCl 125mL 용액에 물 250mL를 가하였을 때

f. 0.499M H_2SO_4 445mL 용액에 물 250mL를 가하였을 때

g. 0.101M HNO_3 5.25L 용액에 물 250mL를 가하였을 때

h. 14.5M $HC_2H_3O_2$ 11.2mL 용액에 물 250mL를 가하였을 때

풀이) $M_1 \times V_1 = M_2 \times V_2$

a. M_1 = 0.119 M　　　M_2 = ?

V_1 = 25.0 mL = 0.0250 L　　　V_2 = (55.0 + 25.0)mL = 80.0mL = 0.0800 L

$$M_2 = \frac{(0.119\ M)(0.0250\ \text{L})}{(0.0800\ \text{L})} = 0.0372\text{M}$$

b. M_1 = 0.701M　　　M_2 = ?

V_1 = 45.3mL = 0.0453 L　　　V_2 = (45.3 + 125) = 170.3 mL = 0.1703L

$$M_2 = \frac{(0.701\ M)(0.0453\ \text{L})}{(0.1703\ \text{L})} = 0.186\text{M}$$

c. M_1 = 3.01M　　　M_2 = ?

V_1 = 125mL = 0.125 L　　　V_2 = (125 + 550.)mL = 675mL = 0.675 L

$$M_2 = \frac{(3.01\ M)(0.125\ \text{L})}{(0.675\ \text{L})} = 0.557\text{M}$$

d. M_1 = 2.07M　　　M_2 = ?

V_1 = 75.3mL = 0.0753 L　　　V_2 = (75.3 + 335) mL = 410.3 mL = 0.4103 L

$$M_2 = \frac{(2.07\ M)(0.0753\ \text{L})}{(0.4103\ \text{L})} = 0.380\text{M}$$

e. M_1 = 0.251M　　　M_2 = ?

V_1 = 125mL　　　V_2 = (125 + 250.) = 375mL

$$M_2 = \frac{(0.251\ M)(125\ \text{mL})}{375\ \text{mL}} = 0.0837\ M$$

f. M_1 = 0.499M　　　M_2 = ?

V_1 = 445mL　　　V_2 = (445 + 250.) = 695 mL

$$M_2 = \frac{(0.499\ M)(445\ \text{mL})}{695\ \text{mL}} = 0.320\ M$$

g. M_1 = 0.101 M　　M_2 = ?

V_1 = 5.25 L　　V_2 = (5.25 + 0.250) = 5.50 L

$$M_2 = \frac{(0.101\,M)(5.25\text{ L})}{5.50\text{ L}} = 0.0964\,M$$

h. M_1 = 14.5 M　　M_2 = ?

V_1 = 11.2 mL　　V_2 = (11.2 + 250.) = 261.2 mL

$$M_2 = \frac{(14.5\,M)(11.2\text{ mL})}{261.2\text{ mL}} = 0.622\,M$$

30. 3.0M 산용액 225 mL를 만들기 위해 다음의 진한 산의 양(mL)은 얼마를 사용 해야 할까?

a. HCl 12.1M

b. HNO_3 15.9M

c. H_2SO_4 18.0M

d. $HC_2H_3O_2$ 17.5M

e. H_3PO_4 14.9M

풀이) $M_1 \times V_1 = M_2 \times V_2$

a. HCl: $\frac{(3.0\,M)(225\text{ mL})}{(12.1\,M)}$ = 55.8 mL = 56 mL

b. HNO_3: $\frac{(3.0\,M)(225\text{ mL})}{(15.9\,M)}$ = 42.45 mL = 42 mL

c. H_2SO_4: $\frac{(3.0\,M)(225\text{ mL})}{(18.0\,M)}$ = 37.5mL = 38mL

d. $HC_2H_3O_2$: $\frac{(3.0\,M)(225\text{ mL})}{(17.5\,M)}$ = 38.6mL = 39mL

e. H_3PO_4: $\frac{(3.0\,M)(225\text{ mL})}{(14.9\,M)}$ = 45.3mL = 45mL

31. 염 3.20 g 을 물 9.10 g 에 녹여 258℃에서 포화 용액을 만들었을 때, 이 염의 용해도는 얼마일까? (100g 물에 대한 염의 g 수로 표시)

풀이)

$$\frac{3.20\text{ g salt}}{9.10\text{ g H}_2\text{O}} \times 100\text{ g H}_2\text{O} = 35.2\text{ g salt}$$

염 용해도= 35.2 g 염/100 g H_2O.

32. 황산 구리(II) 용액을 황화 소듐 용액으로 처리하는 침전반응은 다음과 같다.

$Cu^{2+}(aq) + S^{2-}(aq) \rightarrow CuS(s)$

0.121M $CuSO_4$ 용액 27.5 mL로 Cu(II) 이온을 전부 침전시키는 데 필요한 0.105M Na_2S 용액의

부피는 얼마인가?

풀이)

균형 맞춘 침전반응: $Cu^{2+}(aq) + S^{2-}(aq) \rightarrow CuS(s)$

$$27.5\ \text{mL} \times \frac{0.121\ \text{mmol Cu}^{2+}}{1.00\ \text{mL}} = 3.328\ \text{mmol Cu}^{2+}$$

$$3.328\ \text{mmol S}^{2-} \times \frac{1.00\ \text{mL}}{0.105\ \text{mmol S}^{2-}} = 31.7\ \text{mL Na}_2\text{S}$$

33. 옥살산 칼슘(CaC_2O_4)은 물에 잘 녹지 않는다. 0.104M $CaCl_2$용액 37.5 mL로부터 칼슘 이온을 침전시키는 데 필요한 옥살산 소듐($Na_2C_2O_4$)의 질량은 얼마인가?

풀이)

몰질량 $Na_2C_2O_4$ = 134.0 g　　　　37.5 mL = 0.0375 L

$$\text{몰수 Ca}^{2+}\ \text{ion} = 0.0375\ \text{L} \times \frac{0.104\ \text{mol Ca}^{2+}}{1.00\ \text{L}} = 0.00390\ \text{mol Ca}^{2+}\ \text{ion}$$

$Ca^{2+}(aq) + C_2O_4^{2-}(aq) \rightarrow CaC_2O_4(s)$

$$0.00390\ \text{mol Na}_2\text{C}_2\text{O}_4 \times \frac{134.0\ \text{g}}{1\ \text{mol}} = 0.523\ \text{g Na}_2\text{C}_2\text{O}_4$$

34. 납(II) 이온 수용액을 크로뮴산 포타슘 용액으로 처리하면 밝은노란색의 크로뮴산 납(II)($PbCrO_4$) 침전물이 생성된다. 1.00M K_2CrO_4 용액 25.0 mL에 $Pb(NO_3)_2$ 1.00g 시료를 가했을 때 몇g의 크로뮴산 납이 생성되는가?

풀이)

$Pb(NO_3)_2(aq) + K_2CrO_4(aq) \rightarrow PbCrO_4(s) + 2KNO_3(aq)$

몰질량: $Pb(NO_3)_2$, 331.2 g; $PbCrO_4$, 323.2 g

$$1.00\text{g Pb(NO}_3)_2 \times \frac{1\ \text{mol Pb(NO}_3)_2}{331.2\ \text{g Pb(NO}_3)_2} = 0.003019\ \text{mol Pb(NO}_3)_2$$

25.0mL = 0.0250 L

$$0.0250\ \text{L} \times \frac{1.00\ \text{mol K}_2\text{CrO}_4}{1.00\ \text{L solution}} = 0.0250\ \text{mol K}_2\text{CrO}_4$$

$Pb(NO_3)_2$ 한계 시약: 0.003019 mol $PbCrO_4$ 생성.

$$0.003019\ \text{mol PbCrO}_4 \times \frac{323.2\ \text{g PbCrO}_4}{1\ \text{mol PbCrO}_4} = 0.976\ \text{g PbCrO}_4$$

35. 0.491M HNO_3 용액 27.2mL를 중화시키는 데 필요한 0.502M NaOH 용액의 부피는 얼마인가?

풀이)

$NaOH(aq) + HNO_3(aq) \rightarrow NaNO_3(aq) + H_2O(l)$

27.2 mL = 0.0272 L

$$0.0272\ \text{L} \times \frac{0.491\ \text{mol HNO}_3}{1\ \text{L}} = 0.01335\ \text{mol HNO}_3$$

$$0.01335 \text{ mol HNO}_3 \times \frac{1 \text{ mol NaOH}}{1 \text{ mol HNO}_3} = 0.01335 \text{ mol NaOH}$$

$$0.01335 \text{ mol NaOH} \times \frac{1 \text{ L solution}}{0.502 \text{ mol NaOH}} = 0.0226 \text{ L} = 26.6 \text{ mL}$$

36. 3.01M NaOH 용액 125 mL로 중화시킬 수 있는 0.995M HCl용액의 부피는 얼마인가?

풀이)

$$H_2SO_4(aq) + 2NaOH(aq) \rightarrow 2H_2O(l) + Na_2SO_4(aq)$$

40.0 mL = 0.0400 L

$$0.0400 \text{ L} \; \square \; \frac{0.400 \text{ mol } H_2SO_4}{1 \text{ L}} = 0.0160 \text{ mol } H_2SO_4$$

$$0.0160 \text{ mol } H_2SO_4 \; \square \; \frac{2 \text{ mol NaOH}}{1 \text{ mol } H_2SO_4} = 0.0320 \text{ mol NaOH}$$

$$0.0320 \text{ mol NaOH} \; \square \; \frac{1 \text{ L}}{0.500 \text{ mol NaOH}} = 0.0640 \text{ L NaOH}$$

37. 다음 각 용액을 중화시키는 데 필요한 1.00 *M* NaOH의 부피는얼마인가?

a. 0.154 M 아세트산($HC_2H_3O_2$) 25.0 mL

b. 0.102 M 플루오린화 수소산(HF) 35.0 mL

c. 0.143 M 인산(H_3PO_4) 10.0 mL

d. 0.220 M 황산(H_2SO_4) 35.0 mL

풀이)

a. $NaOH(aq) + HC_2H_3O_2(aq) \rightarrow NaC_2H_3O_2(aq) + H_2O(l)$

25.0 mL = 0.0250 L

$$0.0250 \text{ L} \times \frac{0.154mol}{1.00L} = 0.00385 \text{ mol } HC_2H_3O_2$$

$0.00385 \text{ mol } HC_2H_3O_2 = 0.00385 \text{ mol NaOH}$

$$0.00385 \text{ mol NaOH} \times \frac{1.00 \text{ L}}{1.00 \text{ mol NaOH}} = 0.00385 \text{ L} = 3.85 \text{ mL NaOH}$$

b. $HF(aq) + NaOH(aq) \rightarrow NaF(aq) + H_2O(l)$

35.0 mL = 0.0350L

$$0.0350 \text{ L} \times \frac{0.102 \text{ mol HF}}{1.00 \text{ L}} = 0.00357 \text{ mol HF}$$

$$0.00357 \text{ mol HF} \times \frac{1 \text{ mol HF}}{1 \text{ mol NaOH}} = 0.00357 \text{ mol NaOH}$$

$$0.00357 \text{ mol NaOH} \times \frac{1.00 \text{ L}}{1.00 \text{ mol NaOH}} = 0.00357 \text{ L} = 3.57 \text{ mL}$$

c. $H_3PO_4(aq) + 3NaOH(aq) \rightarrow Na_3PO_4(aq) + 3H_2O(l)$

10.0 mL = 0.0100 L

$$0.0100\text{ L} \times \frac{0.143\text{ mol }H_3PO_4}{1.00\text{ L}} = 0.00143\text{ mol }H_3PO_4$$

$$0.00143\text{ mol }H_3PO_4 \times \frac{3\text{ mol NaOH}}{1\text{ mol }H_3PO_4} = 0.00429\text{ mol NaOH}$$

$$0.00429\text{ mol NaOH} \times \frac{1.00\text{ L}}{1.00\text{ mol NaOH}} = 0.00429\text{ L} = 4.29\text{ mL}$$

d. $H_2SO_4(aq) + 2NaOH(aq) \rightarrow Na_2SO_4(aq) + 2H_2O(l)$

35.0 mL = 0.0350 L

$$0.0350\text{ L} \times \frac{0.220\text{ mol }H_2SO_4}{1.00\text{ L}} = 0.00770\text{ mol }H_2SO_4$$

$$0.00770\text{ mol }H_2SO_4 \times \frac{2\text{ mol NaOH}}{1\text{ mol }H_2SO_4} = 0.0154\text{ mol NaOH}$$

$$0.0154\text{ mol NaOH} \times \frac{1.00\text{ L}}{1.00\text{ mol NaOH}} = 0.0154\text{ L} = 15.4\text{ mL}$$

38. 다음 각 용액들을 중화시키는 데 필요한 0.101 *M* HNO_3의 부피는 얼마인가?

a. 0.501M NaOH 12.7mL

b. 0.00491M $Ba(OH)_2$ 24.9mL

c. 0.103M NH_3 49.1mL

d. 0.102M KOH 1.21 L

풀이)

a. $HNO_3(aq) + NaOH(aq) \rightarrow NaNO_3(aq) + H_2O(l)$

$$12.7\text{ mL} \times \frac{0.501\text{ mmol}}{1.00\text{ mL}} = 6.36\text{ mmol NaOH}$$

$$6.36\text{ mmol NaOH} \times \frac{1\text{ mmol }HNO_3}{1\text{ mmol NaOH}} = 6.36\text{ mmol }HNO_3\text{ required to react}$$

$$6.36\text{ mmol }HNO_3 \times \frac{1.00\text{ mL}}{0.101\text{ mmol }HNO_3} = 63.0\text{ mL }HNO_3\text{ required}$$

b. $2HNO_3(aq) + Ba(OH)_2 \rightarrow Ba(NO_3)_2 + 2H_2O(l)$

$$24.9\text{ mL} \times \frac{0.00491\text{ mmol}}{1.00\text{ mL}} = 0.122\text{ mmol }Ba(OH)_2$$

$$0.122\text{ mmol }Ba(OH)_2 \times \frac{2\text{ mmol }HNO_3}{1\text{ mmol }Ba(OH)_2} = 0.244\text{ mmol }HNO_3$$

$$0.244\text{ mmol }HNO_3 \times \frac{1.00\text{ mL}}{0.101\text{ mmol }HNO_3} = 2.42\text{ mL }HNO_3$$

c. $HNO_3(aq) + NH_3(aq) \rightarrow NH_4NO_3(aq)$

$$49.1\ \text{mL} \times \frac{0.103\ \text{mmol}}{1.00\ \text{mL}} = 5.06\ \text{mmol}\ NH_3$$

$$5.06\ \text{mmol}\ NH_3 \times \frac{1\ \text{mmol}\ HNO_3}{1\ \text{mmol}\ NH_3} = 5.06\ \text{mmol}\ HNO_3$$

$$5.06\ \text{mmol}\ HNO_3 \times \frac{1.00\ \text{mL}}{0.101\ \text{mmol}\ HNO_3} = 50.1\ \text{mL}\ HNO_3$$

d. $KOH(aq) + HNO_3(aq) \rightarrow KNO_3(aq) + H_2O(l)$

$$1.21\ \text{L} \times \frac{0.102\ \text{mol}}{1.00\ \text{L}} = 0.123\ \text{mol KOH}$$

$$0.123\ \text{mol KOH} \times \frac{1\ \text{mol}\ HNO_3}{1\ \text{mol KOH}} = 0.123\ \text{mol}\ HNO_3$$

$$0.123\ \text{mol}\ HNO_3 \times \frac{1.00\ \text{L}}{0.101\ \text{mol}\ HNO_3} = 1.22\ \text{L}\ HNO_3$$

39. 다음 각 용액에서 노말농도를 계산하시오.

a. 0.105M HCl 25.2 mL를 전체 부피가 75.3 mL가 되도록로 묽힘

b. 0.253M H_3PO_4

c. 0.00103M $Ca(OH)_2$

풀이)

a. 당량 HCl = 몰질량 HCl = 36.46 g

$$M_2 = \frac{M_1V_1}{V_2} = \frac{(25.2\ \text{mL})(0.105\ M)}{(75.3\ \text{mL})} = 0.0351\text{M} = 0.0351\text{N}$$

b. 당량 H_3PO_4 = 몰질량/3

$$\frac{0.253\text{mol}}{1.00\text{l}} \times \frac{3\ \text{당량}}{1} = 0.759\text{N}$$

c. 당량 $Ca(OH)_2$ = 몰질량/2

$$\frac{0.00103\text{mol}}{1.00\text{l}} \times \frac{2\ \text{당량}}{1} = 0.00206\text{N}$$

40. 다음 각 용액에 대해, 용질의 질량과 용액의 전체 부피가 다음과같이 주어졌다. 각 용액의 노말농도를 계산하시오.

a. NaOH 0.113 g; 10.2mL

b. $Ca(OH)_2$ 12.5 mg; 100mL

c. H_2SO_4 12.4 g; 155mL

풀이)

a. 당량 NaOH = 몰질량 NaOH = 40.00 g

$0.113 \text{ g NaOH} \times \frac{1}{40} = 2.83 \times 10^{-3}$ 당량 NaOH

10.2 mL = 0.0102 L

$N = \frac{2.83 \times 10^{-3} \text{당량}}{0.0102L} = 0.277 \text{ N}$

a. 당량 $Ca(OH)_2$ $\frac{74.10g}{2} = 37.05 \text{ g}$

$12.5 \text{ mg} \times \frac{1g}{1000g} \times \frac{1}{37.05} = 3.37 \times 10^{-4}$ 당량 $Ca(OH)_2$

100 mL = 0.100 L

$N = \frac{3.37 \times 10^{-4} \text{당량}}{0.100L} = 3.37 \times 10^{-3} \text{ N}$

c. 당량 H_2SO_4 = $\frac{98.09g}{2} = 49.05 \text{ g}$

$12.4 \text{ g} \times \frac{1}{49.05} = 0.253$ 당량 H_2SO_4

155 mL = 0.155 L

$N = \frac{0.253 \text{ 당량}}{0.155L} = 1.63N$

41. 다음 각 용액의 노말농도를 계산하시오.

a. 0.250M HCl

b. 0.105M H_2SO_4

c. 5.3×10^{-2} M H_3PO_4

풀이) a. 0.250 M HCl = 0.250N HCl

b. $0.105 \text{ M } H_2SO_4 \times \frac{2}{1} = 0.210N$

c. $5.3 \times 10^{-2} \text{ M } H_3PO_4 \times \frac{3}{1} = 0.159N = 0.16N$

42. 다음 몰농도로 표시된 용액의 노말농도를 계산하시오.

a. 0.134 M NaOH

b. 0.00521 M $Ca(OH)_2$

c. 4.42 M H_3PO_4

풀이)

a. 0.134M NaOH = 0.134 N NaOH

b. $0.00521M \; Ca(OH)_2 \times 2 = 0.0104 \text{ N } Ca(OH)_2$

c. $4.42M \; H_3PO_4 \times 3 = 13.3 \text{ N } H_3PO_4$

43. $Ca(OH)_2$ 5.21 mg을 부피 플라스크에 넣고 1000mL가 되도록녹여서, 조금만 녹는 염기 $Ca(OH)_2$ 용액을 만들었다. 용액의 몰농도와 노말농도를 계산하라.

풀이) 몰질량 $Ca(OH)_2$ = 74.10 g

$$5.21\text{mg } Ca(OH)_2 \times \frac{1\text{ g}}{10^3\text{ mg}} \times \frac{1\text{ mol}}{74.10\text{ g}} = 7.03 \times 10^{-5}\text{ mol } Ca(OH)_2$$

1000mL = 1.000 L

$$M = \frac{7.03 \times 10^{-5}\text{ mol}}{1.000\,L} = 7.03 \times 10^{-5}\text{M } Ca(OH)_2$$

$$N = 7.03 \times 10^{-5}\text{ M } Ca(OH)_2 \times 2 = 1.41 \times 10^{-4}\text{ N } Ca(OH)_2$$

44. 25.00 mL H_2SO_4용액을 중화하는데 0.1021M NaOH 27.34 mL가 필요하다. 이 황산 용액의 몰농도와 노말농도를 계산하라.

풀이) $2NaOH(aq) + H_2SO_4(aq) \rightarrow Na_2SO_4(aq) + 2\ H_2O(l)$

$$27.34\text{ mL NaOH} \times \frac{0.1021\text{ mmol}}{1.00\text{ mL}} = 2.791\text{ mmol NaOH}$$

$$2.791\text{ mmol NaOH} \times \frac{1\text{ mmol } H_2SO4}{2\text{ mmol NaOH}} = 1.396\text{ mmol } H_2SO_4$$

$$M = \frac{1.396\text{ mmol } H_2SO4}{25.00\text{ mL}} = 0.05583\text{ M } H_2SO_4 = 0.1117\text{ N } H_2SO_4$$

45. 37℃ 혈액에서 부분 압력이 0.80 atm인 N_2의 용해도는 5.6 x 10^{-4} mol/L이다. N_2의 부분 압력이 4.0 atm인데, N_2의 부분 압력이 0.80 atm이라면 방출되는 N_2의 양을 계산하라(L 단위로).

풀이) $k = \frac{c}{P}$

$$k = \frac{5.6 \times 10^{-4}\text{ mol/L}}{0.80\text{ atm}} = 7.0 \times 10^{-4}\text{ mol/L}\cdot\text{atm}$$

c = kP

$$c = (7.0 \times 10^{-4}\text{ mol/L·atm})(4.0\text{ atm}) \times 2.8 \times 10^{-3}\text{ mol/L}$$

$$(5.6 \times 10^{-4}\text{ mol/L})(5.0\text{ L}) \times 2.8 \times 10^{-3}\text{ mol}$$

$$(2.8 \times 10^{-3}\text{ mol/L})(5.0\text{ L}) \times 1.4 \times 10^{-2}\text{ mol}$$

$$(1.4 \times 10^{-2}\text{ mol}) - (2.8 \times 10^{-3}\text{ mol}) \times 1.1 \times 10^{-2}\text{ mol}$$

$$V_{N_2} = \frac{nRT}{P}$$

$$V_{N_2} = \frac{(1.1 \times 10^{-2}\text{ mol})(273 + 37)\text{K}}{(1.0\text{ atm})} \times \frac{0.0821\text{ L}\cdot\text{atm}}{\text{mol}\cdot\text{K}} = \mathbf{0.28\ L}$$

46. 물 850g에 설탕($C_{12}H_{22}O_{11}$) 250g을 녹여서 용액을 만들었다. 583K에서 이 용액의 증기압은 얼마일까? (583K에서 물의 증기압: 31.8 mmHg)

풀이)

$$\frac{250\text{g}}{342.3\text{g}} = 0.73\text{mol 설탕}$$

$$\text{물의 몰수} = \frac{850\text{g}}{18.02\text{g}} = 47.2\text{mol}$$

$$X_{H_2O} = \frac{47.2\text{mol}}{0.73\text{mol}+47.2\text{mol}} = 0.985$$

P = 0.985 x 31.8mmHg = 31.3mmHg

47. 481K 에서 물 600 g 에 몇 g 의 설탕($C_{12}H_{22}O_{11}$)을 가해야 순수한 물보다 증기압이 4.0 mmHg 낮은 용액을 만들 수 있을까? (481K 에서 물 증기압: 17.5 mmHg)

풀이)

$$\Delta P = X_2 P_1^\circ$$

X_2 = 4.0mmHg/17.5mmHg = 0.23

물의 몰수 = 600g /18.02g = 33.3mol

설탕의 몰분율 $= 0.23 = \frac{n}{33.3mol+n}$

$n_{설탕}$ = 9.95 mol

설탕의 질량 = 9.95mol x 342.3g/mol = 3405.9g

48. 벤젠 98.5g 에 비휘발성 고체인 캠퍼(camphor, $C_{10}H_{16}O$) 24.6g 을 녹인 용액의 증기압을 계산하라. (벤젠 증기압: 299K 에서 100mmHg)

풀이) 벤젠=성분 1, 캠퍼: 성분 2.

$$P_1 = X_1 P_1^\circ = \left(\frac{n_1}{n_1 + n_2}\right) P_1^\circ$$

$$n_1 = 98.5 \text{ g benzene} \times \frac{1 \text{ mol}}{78.11 \text{ g}} = 1.26 \text{ mol benzene}$$

$$n_2 = 24.6 \text{ g camphor} \times \frac{1 \text{ mol}}{152.2 \text{ g}} = 0.162 \text{ mol camphor}$$

$$\boldsymbol{P_1} = \frac{1.26 \text{ mol}}{(1.26 + 0.162) \text{ mol}} \times 100.0 \text{ mmHg} = \mathbf{88.6 \text{ mmHg}}$$

49. 581K 에서 순수한 물보다 증기압이 2.50mmHg 낮은 용액을 만들려면 물 450g 에 요소[$(NH_2)_2CO$] 몇 g 을 가해야 하나? (581K 에서 물 증기압: 31.8 mmHg)

풀이) $\Delta P = X_{urea} P_{water}^\circ$

2.50 mmHg = $X_{요소}$(31.8 mmHg)

$X_{요소}$ = 0.0786

물의 몰수: $n_{물}$=450g/18.02g =25.0 몰

$$0.0786 = \frac{n_{요소}}{25.0+n_{요소}}$$

$n_{요소}$ = 2.13 mol

요소 질량 = 2.13mol × 60.06g/mol =128g

50. 나프탈렌 농도가 3.25m 인 벤젠 용액의 끓는점과 어는점은 얼마일까? (벤젠의 끓는점과 어는점은 각각 80.1℃와 5.6℃이다.)

풀이)

$\Delta T_b = K_b m$ = (2.53°C/m)(3.25 m) = 8.22°C

끓는점 80.1°C + 8.22°C = **88.3°C**

$\Delta T_f = K_f m$ = (5.6°C/m)(3.25 m) = 18.2°C

51. 어떤 화합물에 C: 80.78%, H_2: 13.56%, O_2: 5.66%이다. 벤젠 8.50g 에 이 물질이 1.0g 녹아 있는 용액은 3.37℃에서 언다. 이 화합물의 분자식과 몰질량은 얼마일까? (순수한 벤젠 어는점: 5.50℃.)

풀이)

C 몰수=80.78g × 1mol/12.01g = 6.73mol

H 몰수=13.56g × 1mol/1.008g = 13.45mol

O 몰수=5.66g × 1mol/16g = 0.354mol

실험식: $C_{19}H_{38}O$.

어는점 내림: $\Delta T_f = 5.50°C - 3.37°C = 2.13°C$.

몰랄 농도: $m = \dfrac{\Delta T_f}{K_f} = \dfrac{2.13°C}{5.12°C/m} = 0.416\ m$

용매 질량: 8.50 g (0.00850 kg)0.416mol/kg) × 0.00850kg =3.54×10^{-3}mol

몰질량: 1.00g/3.54×10^{-3}mol =282g/mol

실험식 몰질량=분자량이므로 실험식=분자식 $C_{19}H_{38}O$.

52. 미지 유기 화합물의 원소에 C: 40.0%, H: 6.7%, O: 53.3%가 포함되어 있었다. 이 고체 0.650 g 을 다이페닐 용매 27.8g 에 녹인 용액의 어는점 내림은 1.57℃이다. 이 고체의 몰질량과 분자식을 구하시오. (다이페닐 K_f: 8.01C/m 이다.)

풀이)

$$n_C = 40.0\text{ g C} \times \frac{1\text{ mol C}}{12.01\text{ g C}} = 3.33\text{ mol C}$$

$$n_H = 6.7\text{ g H} \times \frac{1\text{ mol H}}{1.008\text{ g H}} = 6.6\text{ mol H}$$

$$n_O = 53.3\text{ g O} \times \frac{1\text{ mol O}}{16.00\text{ g O}} = 3.33\text{ mol O}$$

$$C: \frac{3.33}{3.33} = 1.00 \qquad H: \frac{6.6}{3.33} = 2.0 \qquad O: \frac{3.33}{3.33} = 1.00$$

실험식: CH_2O.

$$m = \frac{\Delta T_f}{K_f} = \frac{1.56°C}{8.00°C/m} = 0.195\ m$$

용질의 몰수: (0.195mol/kg) × 0.028kg = 0.00542mol

미지 시료 몰질량 = 0.650g / 0.00542mol =1.2×10^2g/mol

실험식 몰질량 = 12.01g + 2(1.008g) + 16.00g = 30.03g/mol

(1.2×10^2g/mol) /30.03g = 4.0

분자식: $C_4H_8O_4$

53. 미지 화합물(실험식: C_6H_5P) 2.5g 을 벤젠 25.0g 에 녹인 용액이 4.3℃에서 얼었다. 용질의 몰질량과 분자식을 구하라.(벤젠의 어는점: 5.5℃)

풀이)

$$\Delta T_f = (5.5 - 4.3)°C = 1.2°C$$

$$m = \frac{\Delta T_f}{K_f} = \frac{1.2°C}{5.12°C/m} = 0.23\ m$$

미지 화합물 몰수=(0.23mol/kg) × 0.0250kg=0.0058mol

미지 화합물 몰질량=2.5g/0.0058mol = 4.3 × 10^2g/mol

실험식 몰질량: C_6H_5P = 108.07 g/mol

(4.3 × 10^2g/mol) /(108.07g/mol) =4

분자식: $C_{24}H_{20}P_4$.

54. 나프탈렌 농도가 1.21*m* 인 벤젠 용액의 끓는점과 어는점은 얼마인가? (벤젠의 끓는점과 어는점은 각각 80.2℃와 5.6℃)

풀이)

$\Delta T_b = K_b m = (2.53°C/m)(1.21\ m) = 3.06°C$

끓는점: 80.2°C + 3.06°C = **83.26°C**

$\Delta T_f = K_f m = (5.12°C/m)(1.21\ m) = 6.2°C$

어는점: 5.6°C - 6.2°C = -0.6°C

55. 부피가 4.00L 인 기체를 벤젠 58.0g 에 녹인 용액이 27℃, 748mmHg 에서 어는점을 계산하라.

풀이)

$$n = \frac{PV}{RT} = \frac{\left(748\text{ mmHg} \times \frac{1\text{ atm}}{760\text{ mmHg}}\right)(4.00\text{ L})}{(27+273)\text{K}} \times \frac{\text{mol}\cdot\text{K}}{0.0821\text{ L}\cdot\text{atm}} = 0.160\text{ mol}$$

몰랄농도 = 0.16mol/0.058kg =2.76m

$\Delta T_f = K_f m = (5.12°C/m)\ (2.76\ m) = 14.1°C$

어는점: 5.5°C − 14.1°C = −8.6°C

56. 물에서 산소의 용해도에 대한 Henry 의 법칙 상수는 12℃에서 3.30 × 10^{-4} M/atm 이고, 22℃에서 2.85 × 10^{-4} M/atm 이다. 공기에서 산소는 21 mol %를 차지하고 있다.

a. 12℃, 1.00 atm 에서 물 1 L 에는 몇 그램의 산소가 녹아 있는가?

b. 22℃, 1.00 atm 에서 물 1 L 에는 몇 그램의 산소가 녹아 있는가?

풀이) 1.00 기압에서 $P_{O2} = X_{O2}P_{전체}$ = 0.21atm.

a. $C_{O2} = kP_{O2}$ = (3.30 x 10^{-4} M/atm)(0.21atm) = 6.9 x 10^{-5} M

1L 에 산소 질량 = 1L x (6.9 x 10^{-5} mol O_2/L) x $\frac{32.00g\ O2}{1molO2}$= 0.0022 g

b. $C_{O2} = kP_{O2}$ = (2.85 x 10^{-4} M/atm) (0.21atm) = 6.0 x 10^{-5} M

1L 에 산소 질량 = 1L x (6.0 x 10^{-5} mol O_2/L) x $\frac{32.00g\ O2}{1molO2}$= 0.0019 g

57. 미지의 단백질 0.83g 을 수용액 0.17L 에 녹인 용액의 삼투압이 298K 에서 5.20mmHg 이다. 이 단백질의 몰질량을 구하라.

풀이) $\pi = MRT$

$$M = \frac{\pi}{RT} = \frac{\left(5.20\text{ mmHg} \times \frac{1\text{ atm}}{760\text{ mmHg}}\right)}{298\text{ K}} \times \frac{\text{mol}\cdot\text{K}}{0.0821\text{ L}\cdot\text{atm}} = 2.80 \times 10^{-4}\ M$$

단백질의 몰수= $(2.80 \times 10^{-4}\text{ mol/L})(0.170\text{ L}) = 4.76 \times 10^{-5}\text{ mol}$

단백질의 몰질량 = 0.83g / 4.76 × 10^{-5} mol = 1.75 × 10^4g/mol

58. 300K 에서 미지의 유기 화합물 7.480g 을 물에 녹여 만든 300.0mL 용액의 삼투압은 1.43atm 이었다. 이 화합물을 분석하였더니 C: 41.8%, H: 4.7%, O: 37.3%, N: 16.3%가 들어있었다. 이 화합물의 분자식을 계산하라.

풀이)

몰농도 =1.43atm/(0.0821L.atm/L.mol)(300K)=0.0581mol/L

용질의 몰수: $\frac{0.0581 \text{ mol}}{1 \text{ L}} \times 0.3000 \text{ L} = 0.0174 \text{ mol}$

몰질량: $\frac{7.480 \text{ g}}{0.0174 \text{ mol}} = 4.30 \times 10^2 \text{ g/mol}$

C 몰수: 41.8g/12.01g = 3.48mol

H 몰수: 4.7g /1.008g = 4.7mol

O 몰수: 37.3g/16.0g =2.33mol

N 몰수: 16.3g/14.01g =1.16mol

실험식: $C_3H_4O_2N$, 분자식: $C_{15}H_{20}O_{10}N_5$ (430 ÷ 86.07=5)

59. 다음 수용액들을 어는점이 높아지는 순서대로 써라.

a. 0.15m CH_3COOH b. 0.20m $MgCl_2$ c. 0.15m $C_6H_{12}O_6$ d. 0.35 m NaCl e. 0.10m Na_3PO_4

풀이) (d) < (b) < (e) < (c) < (a)

a. 0.15 m CH_3COOH: 약전해질 0.15m 이하

b. 0.20 m $MgCl_2$: 0.20 m × 3 = 0.60 m

c. 0.15 m $C_6H_{12}O_6$: 비전해질, 0.15 m

d. 0.35 m NaCl: 0.35 m × 2 = 0.70 m

e. 0.10 m Na_3PO_4: 0.10 m × 4 = 0.40m

60. 1.00 g의 용질, 225 mL의 용매로 된 용액의 용액의 어는점을 측정한 결과 6.18℃ 였다. 용매는 사이클로헥세인이고, 사이클로헥세인의 밀도는 0.779g/mL, 어는점은 6.50℃이고 k_f = 20.2℃/m 용질의 몰질량은 얼마일까?

풀이)

$\Delta T_f = T_f^0 - T_f = 6.5℃ - 6.18℃ = 0.32℃$

$m = \frac{0.32℃}{20.2℃/m} = 0.016$

용매 질량: 225mL × 0.779g/mL × 1kg/1000g =0.175kg

용질 몰수: 0.016 × 0.175 = 2.8×10^{-3}

몰질량: 1.00g/2.8×10^{-3}mol =3.6×10^2g/mol

제 6 장 화학 평형

1. 다음 반응의 평형식을 써라.

a. $NO_2(g) + ClNO(g) \rightleftarrows ClNO_2(g) + NO(g)$

b. $Br_2(g) + 5F_2(g) \rightleftarrows 2BrF_5(g)$

c. $4NH_3(g) + 6NO(g) \rightleftarrows 5N_2(g) + 6H_2O(g)$

d. $2CO_2(g) \rightleftarrows 2CO(g) + O_2(g)$

e. $3O_2(g) \rightleftarrows 2O_3(g)$

f. $CO(g) + Cl_2 \rightleftarrows COCl_2(g)$

g. $H_2O(g) + C(s) \leftrightarrow CO(g) + H_2(g)$

h. $HCOOH(aq) \rightleftarrows H+(aq) + HCOO^-(aq)$

i. $2NO_2(g) \rightleftarrows 2NO(g) + O_2(g)$

J. $N_2(g) + 3Cl_2(g) \rightleftarrows 2NCl_3(g)$

k $H_2(g) + I_2(g) \rightleftarrows 2HI(g)$

l. $N_2(g) + H_2(g) \rightleftarrows N_2H_4(g)$

m. $C_2H_6(g) + Cl_2(g) \rightleftarrows C_2H_5Cl(s) + HCl(g)$

n. $P_4(g) + 6Br_2(g) \rightleftarrows 4PBr_3(g)$

풀이)

a. $K = \dfrac{[ClNO_2(g)][NO(g)]}{[NO_2(g)][ClNO(g)]}$

b. $K = \dfrac{[BrF_5(g)]^2}{[Br_2(g)][F_2(g)]^5}$

c. $K = \dfrac{[N_2(g)]^5[H_2O]^6}{[NH_3(g)]^4[NO(g)]^6}$

d. $K = \dfrac{[CO]^2[O_2]}{[CO_2]^2}$

e. $K = \dfrac{[O_3]^2}{[O_2]^3}$

f. $K = \dfrac{[COCl_2]}{[CO][Cl_2]}$

g. $K = \dfrac{[CO][H_2]}{[H_2O]}$

h. $K = \dfrac{[H^+][HCOO^-]}{[HCOOH]}$

i. $K = \dfrac{[NO]^2[O_2]}{[NO_2]^2}$

j. $K = \dfrac{[NCl_3(g)]^2}{[N_2(g)][Cl_2(g)]^3}$

k. $K = \dfrac{[HI(g)]^2}{[H_2(g)][I_2(g)]}$

l. $K = \dfrac{[N_2H_4(g)]}{[N_2(g)][H_2(g)]^2}$

m. $K = \dfrac{[C_2H_5Cl][HCl]}{[C_2H_6][Cl_2]}$

n. $K = \dfrac{[PBr_3]^4}{[P_4][Br_2]^6}$

2. $PCl_5(g) \rightleftarrows PCl_3(g) + Cl_2(g)$

특정 온도에서의 평형 농도가 $[PCl_5(g)]$ = 0.0621M, $[PCl_3\ (g)]$= 0.0213M, $[Cl_2\ (g)]$ = 0.0249M 이다. 이 온도에서 반응의 K 값을 계산하라.

풀이) $PCl_5(g) \rightleftarrows PCl_3(g) + Cl_2(g)$

$$K = \frac{[PCl_3][Cl_2]}{[PCl_5]} = \frac{[0.0213M][0.0249M]}{[0.0621M]} = 8.54\times 10^{-3}$$

3. 아래 반응에 K_c 와 K_P 평형 상수 식을 써라.

a. $C(s) + CO_2\ (g) \rightleftarrows 2CO(g)$

b. $2ZnS(s) + 3O_2\ (g) \rightleftarrows 2ZnO(s) + 2SO_2\ (g)$

c. $2NO_2(g) + 7H_2\ (g) \rightleftarrows 2NH_3(g) + 4H_2O(l)$

d. $C_6H_5COOH(aq)$ ⇄ $C_6H_5COO^-(aq)$ + $H^+(aq)$

풀이) a. $K_c = \frac{[CO]^2}{[CO_2]}$ $K_P = \frac{P_{CO}^2}{P_{CO_2}}$

b. $K_c = \frac{[SO_2]^2}{[O_2]^3}$ $K_P = \frac{P_{SO_2}^2}{P_{O_2}^3}$

(c) $K_c = \frac{[NH_3]^2}{[NO_2]^2[H_2]^7}$ $K_P = \frac{P_{NH_3}^2}{P_{NO_2}^2 P_{H_2}^7}$

(d) $K_c = \frac{[C_6H_5COO^-][H^+]}{[C_6H_5COOH]}$

4. 다음 불균일 평형 반응의 평형식을 써라.

a. $2SiO(s) + 4Cl_2(g)$ ⇄ $2SiCl_4(l) + O_2\ (g)$

b. $Xe(g) + 2F_2\ (g)$ ⇄ $XeF_4\ (s)$

c. $P_4\ (s) + 6F_2\ (g)$ ⇄ $4PF_3(g)$

d. $2LiHCO_3\ (s)$ ⇄ $Li_2CO_3(s) + H_2O + CO_2\ (g)$

e. $4Al(s) + 3O_2\ (g)$ ⇄ $2Al_2O_3(s)$

풀이)

a. $K = \frac{[O_2]}{[Cl_2]^4}$

b. $K = \frac{1}{[Xe][F_2]^2}$

c. $K = \frac{[PF_3]^4}{[F_2]^6}$

d. $K = [H_2O(g)][CO_2(g)]$

e. $K = \frac{1}{[O_2(g)]^3}$

5. 298K에서 다음 반응의 평형 상태에서 부피가 12.0L 플라스크에서 H_2 2.50mol, S_2 1.35×10^{25}mol, H_2S 8.70mol이 있다. 이 반응에 대한 평형 상수 K_c를 계산하라.

$2H_2(g) + S_2(g)$ ⇄ $2H_2S(g)$

풀이)

$$[H_2] = \frac{2.50 \text{ mol}}{12.0 \text{ L}} = 0.208\ M$$

$$[S_2] = \frac{1.35 \times 10^{-5} \text{ mol}}{12.0 \text{ L}} = 1.13 \times 10^{-6}\ M$$

$$[H_2S] = \frac{8.70 \text{ mol}}{12.0 \text{ L}} = 0.725\ M$$

$$\boldsymbol{K_c} = \frac{[H_2S]^2}{[H_2]^2[S_2]} = \frac{(0.725)^2}{(0.208)^2(1.13 \times 10^{-6})} = \mathbf{1.08 \times 10^7}$$

6. 575K 에서 다음 반응의 Kc 는 얼마인가? (Kp=는 5.0×10^{24})

$2SO_3(g) \rightleftarrows 2SO_2(g) + O_2(g)$

풀이) $K_P = K_c(RT)^{\Delta n}$

$T = 575\ K,\quad \Delta n = 3 - 2 = 1,$

$$\boldsymbol{K_c} = \frac{K_P}{(0.0821T)^{\Delta n}} = \frac{5.0 \times 10^{-4}}{(0.0821)(575\ K)} = \mathbf{1.1 \times 10^{-5}}$$

7. 623K에서 평형 혼합물의 압력은 0.105 atm이다. 이 반응의 K_P와 K_c를 계산하라.

$CaCO_3(s) \rightleftarrows CaO(s) + CO_2(g)$

풀이)

$K_P = 0.105$

$K_P = K_c(RT)^{\Delta n}$

$$\boldsymbol{K_c} = \frac{0.105}{(0.0821 \times 623)^{(1-0)}} = \mathbf{2.05 \times 10^{-3}}$$

8. 1.50 L 용기에 $COCl_2(g)$ 3.00×10^{-2}mol 을 800 K 로 가열하였더니 CO 의평형 압력이 0.71 atm 이었다. 다음 반응에 대한 평형 상수 K_P를 계산하라.

$CO(g) + Cl_2(g) \rightleftarrows COCl_2(g)$

풀이)

$$P = \frac{nRT}{V} = \frac{(3.00 \times 10^{-2} \text{ mol})(0.0821 \text{ L} \cdot \text{atm/mol} \cdot \text{K})(800 \text{ K})}{(1.50 \text{ L})} = 1.31 \text{ atm}$$

	$CO(g)$	+	$Cl_2(g)$	$\rightleftarrows$	$COCl_2(g)$
초기 (atm):	0		0		1.31
변화 (atm):	+0.61		+0.61		-0.61

평형 (atm): 0.61 0.61 0.7

K_p = 0.7/(0.61)^2 =1.88

9. 300℃, 2.50L용기에 NOCl 3.45mol이 평형에 도달한 후 NOCl의 31.0%가 해리되었다.

$2NOCl(g) \rightleftarrows 2NO(g) + Cl_2(g)$ 평형 상수 K_c를 계산하라.

풀이)

$$[NOCl]_0 = \frac{3.45mol}{1.5L} = 2.3M$$

	$2NOCl(g) \rightleftarrows$	$2NO(g)$ +	$Cl_2(g)$
초기 (M):	2.3	0	0
변화 (M):	−2x	+2x	+x
평형 (M):	2.3 − 2x	2x	x

(0.310)(2.3 M) = 0.713 M

2x = 0.713 M

x = 0.3565 M

[NOCl] = (2.3 − 2x)M = (2.3 − 0.713)M = 1.587 M

[NO] = 2x = 0.713 M

$[Cl_2]$ = x = 0.3565 M

$$K_c = \frac{(0.713)^2(0.3565)}{(1.587)^2} = 0.072$$

10. 298K에서 NOBr가 34%분해되고, 전체 압력이 0.25atm이면, 이 온도에서 K_p와 K_c를 계산하라.

풀이) $2NOBr(g) \rightleftarrows 2NO(g) + Br_2(g)$

x : NOBr 초기 압력.

P_{NOBr} = (1 − 0.34)x = 0.66x

P_{NO} = 0.34x

P_{Br_2} = 0.17x

0.66x + 0.34x + 0.17x = 1.17x = 0.25 atm

$x = 0.214$ atm

평형 압력: $P_{NOBr} = 0.66(0.214) = 0.141$ atm

P_{NO} 0.34(0.214) 0.0728 atm

P_{Br_2} 0.17(0.214) 0.0364 atm

$$\boldsymbol{K_P} = \frac{(P_{NO})^2 P_{Br_2}}{(P_{NOBr})^2} = \frac{(0.0728)^2(0.0364)}{(0.141)^2} = \mathbf{9.7 \times 10^{-3}}$$

K_P $K_c(0.0821\ T)^{n}$: Δn 1

$$\boldsymbol{K_c} = \frac{K_P}{(RT)^{\Delta n}} = \frac{K_P}{RT} = \frac{9.7 \times 10^{-3}}{(0.0821 \times 298)^1} = \mathbf{4.0 \times 10^{-4}}$$

11. 353K에서 아래 반응이 평형에 도달하였다. 반응의 K 값은 얼마일까?

a. $Br_2(g) + 5F_2(g) \rightleftarrows 2BrF_5(g)$

$[BrF_5(g)] = 1.01 \times 10^{-9}$ M, $[Br_2(g)] = 2.41 \times 10^{-2}$ M, $[F_2(g)] = 8.15 \times 10^{-2}$ M.

b. $SO_2(g) + NO_2(g) \rightleftarrows SO_3(g) + NO(g)$

$[SO_3(g)] = 4.99 \times 10^{-5}$ M,

[NO(g)] = 6.31 x 10-7 M, $[SO_2(g)] = 2.11 \times 10^{-2}$ M,

$[NO_2(g)] = 1.73 \times 10^{-3}$ M이었다.

풀이)

a. $$K = \frac{[BrF_5]^2}{[Br_2][F_2]^5} = \frac{[1.01\times10^{-9}\,M]^2}{[2.41\times10^{-2}\,M][8.15\times10^{-2}\,M]^5} = 1.18\times10^{-11}$$

b. $$K = \frac{[SO_3][NO]}{[SO_2][NO_2]} = \frac{[4.99\times10^{-5}\,M][6.31\times10^{-7}\,M]}{[2.11\times10^{-2}\,M][1.73\times10^{-3}\,M]} = 8.63 \times 10^{?}$$

12. a. $H_2(g) + F_2(g) \rightleftarrows 2HF(g)$ ($K = 2.1 \times 10^3$)

$H_2(g) = F_2(g)$: 0.0021 M 일 때 이 평형계의 HF(g) 농도는 얼마일까?

b. $2H_2O(g) \rightleftarrows 2H_2(g) + O_2(g)$ ($K = 2.4 \times 10^{-3}$)

$[H_2O(g)] = 1.1 \times 10^{-1}$ M, $[H_2(g)] = 1.9 \times 10^{-2}$M 이 평형계의 O_2 (g) 농도는 얼마일까?

c. $3O_2(g) \rightleftarrows 2O_3(g)$($K = 1.12 \times 10^{-54}$)

$[O_2\,(g)]$= 3.04 x 10^{-2} M, 이 평형계의 $O_3(g)$ 농도는 얼마일까?

d. $N_2O_4\,(g) \rightleftarrows 2NO_2\,(g)$ (K = 8.1 x 10^{23})

$[NO_2(g)]$= 0.0021 M, 이 평형계의 $N_2O_4\,(g)$농도는 얼마일까?

풀이)

a. $K = 2.1 \times 10^3 = \dfrac{[HF]^2}{[H_2][F_2]} = \dfrac{[HF]^2}{[0.0021M][0.0021M]}$

$[HF]^2 = 9.26 \times 10^{-3}$

$[HF] = 9.6 \times 10^{-2}\ M$

b. $K = 2.4\times10^{-3} = \dfrac{[H_2]^2[O_2]}{[H_2O]^2} = \dfrac{[1.9\times10^{-2}]^2[O_2]}{[1.1\times10^{-1}]^2}$

$[O_2] = 8.0 \times 10^{-2}$ M

c. $K = \dfrac{[O_3]^2}{[O_2]^3} = 1.12\times10^{-54} = \dfrac{[O_3]^2}{[3.04 \times 10^{-2}\ M]^3}$

$[O_3] = 5.61 \times 10^{-30}$ M

d. $K = 8.1 \times 10^{-3} = \dfrac{[0.0021M]^2}{[N_2O_4\ ]}$

$[N_2O_4] = 5.4 \times 10^{-4}$ M

13. 648K에서 위 반응의 평형 상수 K_c는 1.2이다. $[H_2]_0$ = 0.76M, $[N_2]_0$ = 0.60M, $[NH_3]_0$ = 0.48M에서 이 혼합물이 평형에 이르면, 어떤 기체 농도가 증가하고, 어떤 기체의 농도가 감소하나?

$N_2(g) + 3H_2(g) \rightleftarrows 2NH_3(g)$

풀이) 평형에서 $Q_c = K_c$.

$$Q_c = \frac{[NH_3]_0^2}{[N_2]_0[H_2]_0^3} = \frac{[0.48]^2}{[0.60][0.76]^3} = 0.87$$

$Q_c < K_c$ (0.87 < 1.2). 이므로 이 반응은 왼쪽에서 오른쪽으로 진행 될 것이다.

평형에 이를 때까지 $[NH_3]$ 증가, $[N_2]$, $[H_2]$ 감소.

14. 923K에서 CO 0.25mol, H_2O 0.25mol의 혼합물을 10.0 L 용기에서 가열하면 평형에서 H_2는 몇 mol 생성될까? (K_c: 0.534)

$H_2(g) + CO_2(g) \rightleftarrows H_2O(g) + CO(g)$

	H_2 +	CO_2 ⇄	H_2O +	CO
초기 (M):	0	0	0.25	0.25
변화 (M):	+x	+x	−x	-x
평형 (M)	x	x	(0.25 − x)	(0.25 − x)

$$K_c = \frac{[H_2O][CO]}{[H_2][CO_2]} = 0.534 \qquad \frac{(0.0300 - x)^2}{x^2} = 0.534$$

$$\frac{(0.0300 - x)}{x} = \sqrt{0.534} = 0.731 \qquad x = 0.0173\ M$$

H_2 몰수: 0.0173 mol/L × 10.0 L = 0.173 mol H_2

15. 990K 에서 HBr 0.267mol 이 12.0 L 반응 용기 내에서 반응하기 시작 했다면 평형에서 H_2, Br_2, HBr 의 농도를 구하라.

$H_2(g)$ + $Br_2(g)$ ⇄ 2HBr(g) (K_c: 2.18 x 10^6)

풀이)

	H_2 +	Br_2 ⇄	2HBr
초기 (M):	0	0	0.267
변화 (M):	+x	+x	−2x
평형 (M):	x	x	(0.267 − 2x)

$$K_c = \frac{[HBr]^2}{[H_2][Br_2]}$$

$$K_c = \frac{(0.267 - 2x)^2}{x^2} = 2.18 \times 10^6$$

$$\frac{0.267 - 2x}{x} = 1.48 \times 10^3$$

$x = 1.80 \times 10^{-4}$

$[H_2] = [Br_2] = 1.80 \times 10^{-4}$ M

[HBr] = $0.267 - 2(1.80 \times 10^{-4})$ = 0.267 M

16. 1000K에서 순수한 NO_2의 분해 반응이다. 이때 O_2의 부분 압력이 평형에서 0.25atm이라면, 혼합물에서 NO 와 NO_2의 압력을 계산하라.

$2NO_2(g)$ ⇄ 2NO(g) +$O_2(g)$(K_P: 158)

풀이)

$$K_P = \frac{P_{NO}^2 P_{O_2}}{P_{NO_2}^2}$$

$$P_{NO_2} = \sqrt{\frac{P_{NO}^2 P_{O_2}}{K_P}} = \sqrt{\frac{(0.50)^2(0.25)}{158}} = \mathbf{0.020\ atm}$$

17. 1900K 에서 5.0L 플라스크에 H_2 0.8mol, CO_2 0.8mol 을 넣었다. 다음 반응의 평형에서 각 화학종의 농도를 계산하라.

$$H_2(g) \quad + \quad CO_2(g) \rightleftarrows H_2O(g) \quad + \quad CO(g)\ (K_c: 4.2)$$

풀이) 초기농도: $[H_2]$ = 0.80 mol/5.0 L = 0.16 *M*, $[CO_2]$ = 0.80 mol/5.0 L = 0.16 *M*.

	$H_2(g)$	+ $CO_2(g)$ ⇄	$H_2O(g)$	+ $CO(g)$
초기(M):	0.16	0.16	0.00	0.00
변화 (M):	−x	−x	+x	+x
평형 (M):	0.16 − x	0.16 − x	x	x

$$K_c = \frac{[H_2O][CO]}{[H_2][CO_2]} = 4.2 = \frac{x^2}{(0.16 - x)^2}$$

$$\frac{x}{0.16 - x} = \sqrt{4.2}$$

x = 0.11 *M*

$[H_2]$ = $[CO_2]$ = (0.16 – 0.11) *M* = 0.05 *M*

$[H_2O]$ = $[CO]$ = 0.11 *M*

18. 7000K 에서 다음 반응 평형 농도는 [CO]:0.050M, $[H_2]$:0.045M, $[CO_2]$:0.086M, $[H_2O]$:0.040M 이다. a. 이 반응의 Kc 를 계산하라.

b. CO_2 를 첨가 해서 CO_2 농도를 0.50mol/L 로 증가시키면, 모든 기체의 평형 농도는 얼마일까?

$$CO_2(g) \ + H_2(g) \rightleftarrows CO(g) \ + H_2O(g)$$

풀이)

a. $$\boldsymbol{K_c} = \frac{[H_2O][CO]}{[CO_2][H_2]} = \frac{(0.040)(0.050)}{(0.086)(0.045)} = \mathbf{0.52}$$

b. $$Q_c = \frac{(0.040)(0.050)}{(0.50)(0.045)} = 0.089$$

	CO_2	+	H_2	⇔	CO	+	H_2O
초기 (M):	0.50		0.045		0.050		0.040
변화 (M):	−x		−x		+x		+x
평형 (M):	(0.50 − x)		(0.045 − x)		(0.050 + x)		(0.040 + x)

$$K_c = \frac{[H_2O][CO]}{[CO_2][H_2]} = \frac{(0.040 + x)(0.050 + x)}{(0.50 - x)(0.045 - x)} = 0.52$$

$0.52(x^2 - 0.545x + 0.0225) = x^2 + 0.090x + 0.0020$

$0.48x^2 + 0.373x - (9.7 \times 10^{-3}) = 0$

x = 0.025.

$[CO_2]$ = (0.50 − 0.025) M = 0.48 M

$[H_2]$ = (0.045 − 0.025) M = 0.020 M

[CO] = (0.050 + 0.025) M = 0.075 M

$[H_2O]$ = (0.040 + 0.025) M = 0.065 M

19. 닫힌 용기 안에서 다음 반응이 평형을 이루고 있다. 용기에 수소 기체를 주입한 후, 계가 평형으로 다시 돌아온다면 다음 반응 중 어느 것이 일어날 것인가? (a)

$2H_2O(g) \rightleftarrows 2H_2(g) + O_2(g)$

a. 수증기의 농도가 증가

b. K 값 증가.

c. 산소 기체의 농도 유지.

d. 산소 기체의 농도 증가.

20. 다음과 같은 탄산 암모늄[$(NH_4)_2CO_3$] 흡열 반응에서 온도를 낮춘다면 반응의 방향은 어느 쪽으로 평형이 이루어질까?

$(NH_4)_2CO_3(s) \rightleftarrows 2NH_3(g) + CO_2(g) + H_2O(g)$

풀이) 흡열 반응의 경우 온도가 증가하면 평형 위치가 오른쪽(생성물 쪽으로)으로 이동한다.

21. 다음과 같은 흡열 반응에서 수득율을 높이려면 어떤 변화를 일으켜야 하는가? 있는 대로 골라라. (a,b,c)

$CO(g) + 2H_2(g) \rightleftarrows CH_3OH(l)$

풀이)

a. $CO(g)$ 나 $H_2(g)$ 제거 (오른쪽 반응)

b. 부피 증가 (오른쪽 반응)

c. 온도 증가 (오른쪽 반응)

d. 온도 감소 (수득율 감소, 왼쪽 반응)

22. 다음 반응이 화학 평형에 도달했을 때, 평형 위치에 아무런 영향이 없는 것은 어느 것인가? (c)

$C(s) + H_2O(g) \rightleftarrows H_2(g) + CO(g)$

a. 반응 용기에 수소 10 mol 더 주입.

b. 일산화 탄소가 생성 즉시 제거.

c. 반응 용기에 고체 탄소 더 첨가.

풀이)

a. 왼쪽으로 이동 (H_2 제거방향)

b. 오른쪽으로 이동 (CO 생성 방향)

c. C 는 고체이므로 아무런 영향이 없다.

23. 다음 반응이 화학 평형에 도달했을 때, 평형 위치에 아무런 영향이 없는 것은 어느 것인가?(b) $P_4(s) + 6F_2(g) \rightleftarrows 4PF_3(g)$

a. F_2 첨가. b. P_4 첨가. c. PF_3 첨가.

풀이)

a. 왼쪽으로 이동

b. P_4는 고체이므로 아무런 영향이 없다.

c. 오른쪽으로 이동

24. 밀폐 용기에서 평형을 이루고 있는 다음 반응에서 반응의 변화를 예측하라.

$CaCO_3(s) \rightleftarrows CaO(s) + CO_2(g)$

a. 부피 증가 b. CO_2 첨가 c. $CaCO_3$ 제거

풀이) $K_P = [CO_2]$.

(a) → (b) ← (c) ←

25. 온도가 일정 할 때 다음 평형 계의 압력를 높이면 평형 위치는?

a. $A(g) \rightleftarrows 2B(g)$ b. $A(g) \rightleftarrows B(g)$ c. $A(s) \rightleftarrows B(g)$

d. $2A(l) \rightleftarrows B(l)$ e. $A(s) \rightleftarrows 2B(s)$

풀이)

a. 왼쪽 b. 무변화 c. 왼쪽

d. 무변화 e. 무변화

26. 다음 반응이 평형에 도달했을 때, 압력를 높이면 K_c 변화는?

a. $A \rightleftarrows B$ ΔH^0 = 0.0kJ/mol

b. $A + B \rightleftarrows C$ ΔH^0 = -3.4kJ/mol

c. $A \rightleftarrows 2B$ ΔH^0 = 25.0kJ/mol

풀이)

a. 무변화 b. 발열 반응,감소 c. 흡열반응, 증가

27. 다음 반응이 평형에 도달했을 때, 아래와 같은 변화를 주었을 때 평형의 위치는?

$PCl_5(g) \rightleftarrows PCl_3(g) + Cl_2(g)$ $\Delta H°$ =92.5kJ/mol

a. 온도 증가 b. Cl_2 첨가 c. PCl_3 제거

d. 압력 증가 e. 촉매 첨가

풀이)

a. 오른쪽 b. 왼쪽 c. 오른쪽

d. 왼쪽 e. 무변화

28. 다음 반응이 평형에 도달했을 때, 아래와 같은 변화를 주었을 때 평형의 위치는?

$2CO(g) + O_2(g) \rightleftarrows 2CO_2(g)$

a. O_2 첨가 (일정 압력) b CO_2 제거 b. CO 첨가(일정 부피)

풀이)

a. 왼쪽 b. 오른쪽 c. 오른쪽

29. 다음과 같은 비촉매 반응에서 평형일 때 기체들의 압력은 890K에서 P_{N2O4}=0.789atm이고, P_{NO2}=2.34atm이다. 촉매를 첨가하면 다음 반응에서 평형의 위치는?

$N_2O_4(g) \rightleftarrows 2NO_2(g)$

풀이) 무변화

30. 다음 수용액에서의 균형 맞춘 화학 반응식을 쓰고, K_{sp}식을 써라.

a. $BaF_2(s)$
b. $AgIO_3(s)$
c. $BaCrO_4(s)$
d. $Zn_3(PO_4)_2(s)$
e. $CuCO_3(s)$
f. $Sn(OH)_2(s)$
g. $Ag_3PO_4(s)$
h. $NiS(s)$

풀이)

a. $BaF_2(s) \rightleftarrows Ba^{2+}(aq) + 2F^-(aq)$ $K_{sp} = [Ba^{2+}(aq)][F^-(aq)]^2$

b. $AgIO_3(s) \rightleftarrows Ag^+(aq) + IO_3^-(aq)$ $K_{sp} = [Ag^+(aq)][IO_3^-(aq)]$

c. $BaCrO_4(s) \rightleftarrows Ba^{2+}(aq) + CrO_4^{2-}(aq)$ $K_{sp} = [Ba^{2+}(aq)][CrO_4^{2-}(aq)]$

d. $Zn_3(PO_4)_2(s) \rightleftarrows 3Zn^{2+}(aq) + 2PO_4^{3-}(aq)$ $K_{sp} = [Zn^{2+}(aq)]^3[PO_4^{3-}(aq)]^2$

e. $CuCO_3(s) \rightleftarrows Cu^{2+}(aq) + CO_3^{2-}(aq)$ $K_{sp} = [Cu^{2+}(aq)][CO_3^{2-}(aq)]$

f. $Sn(OH)_2(s) \rightleftarrows Sn^{2+}(aq) + 2OH^-(aq)$ $K_{sp} = [Sn^{2+}(aq)][OH^-(aq)]^2$

g. $Ag_3PO_4(s) \rightleftarrows 3Ag^+(aq) + PO_4^{3-}(aq)$ $K_{sp} = [Ag^+(aq)]^3[PO_4^{3-}(aq)]$

h. $NiS(s) \rightleftarrows Ni^{2+}(aq) + S^{2-}(aq)$ $K_{sp} = [Ni^{2+}(aq)][S^{2-}(aq)]$

31. 수산화 구리(II)[$Cu(OH)_2$]의 K_{sp}는 298K에서 $2.2×10^{22}$이다. 298K에서 수산화 구리(II)의 용해도를 mol/L와 g/L 단위로 계산 하라.

풀이) $Cu(OH)_2(s) \rightleftarrows Cu^{2+}(aq) + 2OH^-(aq)$

몰질량 $Cu(OH)_2$ = 97.57 g

용해도 $[Cu^{2+}] = x$, $[OH^-] = 2x$

$K_{sp} = [Cu^{2+}][OH^-]^2 = 2.2 \times 10^{-20} = [x][2x]^2 = 4x^3$

x = 몰용해도 $Cu(OH)_2 = 1.77 \times 10^{-7}\ M\ (1.8 \times 10^{-7}\ M)$

$$1.77 \times 10^{-7}\ \frac{\text{mol}}{\text{L}} \times 97.57\ \frac{\text{g}}{\text{mol}} = 1.7 \times 10^{-5}\ \text{g/L}$$

32. 탄산 마그네슘($MgCO_3$)의 K_{sp}는 298K에서 3.5×10^{28}이다. 298K에서 탄산 마그네슘의 용해도를 mol/L와 g/L 단위로 계산하라.

풀이) $MgCO_3(s) \rightleftarrows Mg^{2+}(aq) + CO_3^{2-}(aq)$

몰질량 $MgCO_3$ = 84.32 g

x : $MgCO_3$ 용해도, $[CO_3^{2-}] = x$, $[Mg^{2+}] = x$

$K_{sp} = [Mg^{2+}][CO_3^{2-}] = 3.5 \times 10^{-8} = (x)(x) = x^2$

몰 용해도 $MgCO_3 = x = 1.87 \times 10^{-4}$ M (1.9×10^{-4} M)

$(1.87 \times 10^{-4}$ mol/L) × (4.39g/1mol) =0.016g/L

33. 황화 니켈(II) 포화 용액에는 293K에서 NiS가 리터 당 3.6×10^{-4}g 포함되어 있다. 293K에서 NiS의 용해도곱 K_{sp}를 계산하라.

풀이) $NiS(s) \rightleftarrows Ni^{2+}(aq) + S^{2-}(aq)$

molar mass NiS = 90.77 g

$$3.6?\ 0^{-4}\ \frac{g\,NiS}{L}\ ?\ \frac{1\,moL\,NiS}{90.77\,g\,NiS}\quad 3.97\ ?\ 10^{-6}\ M$$

$K_{sp} = [Ni^{2+}][S^{2-}] = (3.97 \times 10^{-6}\ M)(3.97 \times 10^{-6}\ M) = 1.6 \times 10^{-11}$

34. 298K에서 수산화 니켈(II)$[Ni(OH)_2]$의 K_{sp}는 2.0×10^{-15}이다. 수산화 니켈(II)[Ni(OH)2]는 이 온도에서 몇 g이나 용해될까(g/L)?

풀이) $Ni(OH)_2(s) \rightleftarrows Ni^{2+}(aq) + 2OH^-(aq)$

몰질량 $Ni(OH)_2$ = 92.71 g

X : $Ni(OH)_2$ 몰용해도: $[Ni^{2+}] = x$, $[OH^-] = 2x$.

$K_{sp} = [Ni^{2+}][OH^-]^2 = 2.0 \times 10^{-15} = [x][2x]^2 = 4x^3$

$Ni(OH)_2 = x = 7.9 \times 10^{-6}$ M

7.9×10^{-6} mol/L × 92.71g/1mol = 7.4×10^{-4}g/L

35. 실온에서 탄산 칼슘의 용해도곱 상수 *K*sp는 약 3.0 x 10-9이다. 이 조건에서 $CaCO_3$의 용해도를 g/L 단위로 계산하시오.

풀이) $CaCO_3(s) \rightleftarrows Ca^{2+}(aq) + CO_3^{2-}(aq)$

$K_{sp} = [Ca^{2+}][CO_3^{2-}] = 3.0 \times 10^{-9}$

$K_{sp} = [x][x] = x^2 = 3.0 \times 10^{-9}$

$x = [CaCO_3] = 5.5 \times 10^{-5}$ M (5.5×10^{-3} g/L)

36. 298K에서 다음 반응의 K_{sp}를 계산 하라

a. $CaSO_4(s) \rightleftarrows Ca^{2+}(aq) + SO_4^{2-}(aq)$ (몰용해도: 2.05g/L)

b. $Fe(OH)_2(s) \rightleftarrows = Fe^{2+}(aq) + 2OH^-(aq)$ (몰용해도: 1.50×10^{-3}g)

c. $Cr(OH)_3(s) \rightleftarrows Cr^{3+}(aq) + 3OH^-(aq)$ (몰용해도: 8.21 x 10^{-5} M)

d. $MgF_2(s) \rightleftarrows Mg^{2+}(aq) + 2F^-(aq)$ (몰용해도: 8.0 x 10^{-2} g/L)

e. $PbCl_2(s) \rightleftarrows Pb^{2+}(aq) + 2Cl^-(aq)$ (몰용해도: 3.6 x 10^{-2} M)

풀이)

a. 몰질량: $CaSO_4$ = 136.15 g

$$2.05\ \frac{g}{L} \times \frac{1\ mol}{136.15\ g} = 1.506 \times 10^{-2}\ M$$

$$K_{sp} = [Ca^{2+}][SO_4^{2-}] = [1.506 \times 10^{-2} M][1.506 \times 10^{-2}\ M] = 2.27 \times 10^{-4}$$

b. 몰질량: $Fe(OH)_2$ = 89.87 g

$$1.5 \times 10^{-3}\ g/L \times \frac{1 mol Fe(OH)_2}{89.87 g} = 1.67 \times 10^{-5}\ mol\ Fe(OH)_2/L$$

$$K_{sp} = [Fe^{2+}][OH^-]^2$$

$[Fe^{2+}] = 1.67 \times 10^{-5}$ M, $[OH^-] = 2 \times (1.67 \times 10^{-5}\ M) = 3.34 \times 10^{-5}$ M

$$K_{sp} = (1.67 \times 10^{-5}\ M)(3.34 \times 10^{-5}\ M)^2 = 1.9 \times 10^{-14}$$

c. $K_{sp} = [Cr^{3+}][OH^-]^3 = [8.21 \times 10^{-5}\ M][2.46 \times 10^{-4}\ M]^3 = 1.23 \times 10^{-15}$

d. 몰질량: MgF_2 = 62.31 g

$$8.0 \times 10^{-2}\ g\ MgF_2/L \times \frac{1\ mol\ MgF_2}{62.31\ g\ MgF_2} = 1.28 \times 10^{-3}\ M = 1.3 \times 10^{-3}\ M$$

$$K_{sp} = [Mg^{2+}][F^-]^2$$

$[Mg^{2+}] = 1.28 \times 10^{-3}$ M, $[F^-] = 2 \times 1.28 \times 10^{-3}\ M = 2.56 \times 10^{-3}$ M.

$$K_{sp} = (1.28 \times 10^{-3}\ M)(2.56 \times 10^{-3}\ M)^2 = 8.4 \times 10^{-9}$$

e. $PbCl_2(s) \rightleftarrows Pb^{2+}(aq) + 2Cl^-(aq)$

$$K_{sp} = [Pb^{2+}][Cl^-]^2$$

$[Pb^{2+}] = 3.6 \times 10^{-2}$ M, $[Cl^-] = 2 \times (3.6 \times 10^{-2}) = 7.2 \times 10^{-2}$ M.

$$K_{sp} = (3.6 \times 10^{-2}\ M)\ (7.2 \times 10^{-2}\ M)^2 = 1.9 \times 10^{-4}$$

37. 1273K에서 기체들의 압력이 P_{N2O4} = 0.377atm, P_{NO2} = 1.56atm이다. 이 혼합물에 촉매를 첨가하면 이들 압력에 어떤 변화가 생길까? $N_2O_4(g) \rightleftarrows 2NO_2(g)$

풀이) 촉매는 평형의 위치에 무영향 이다.

38. 평형에서 다음과 같은 변화에 대해, 평형은 생성물 방향으로 이동 하겠는가, 반응물 방향으로

이동하겠는가, 변화가 없겠는가?

$$C(s) + H_2O(g) + 열 \rightarrow CO(g) + H_2(g)$$

a. 반응 온도를 높인다.

b. 반응 용기의 부피를 줄인다.

c. 촉매를 첨가한다.

d. $H_2O(g)$를 첨가한다.

풀이)

a. 반응 온도를 높인다. : 반응물 방향(←)

b. 반응 용기의 부피를 줄인다.: 생성물 방향 (→)

c. 촉매를 첨가한다.: 평형이동에 무영향

d. $H_2O(g)$를 첨가한다 : 생성물 방향 (→)

39. 다음 반응에서 평형 혼합물은 대부분 생성물인가, 반응물인가, 반응물과 생성물이 비슷하게 존재하는가?

a. $N_2 (g) + O_2 (g) \rightarrow 2NO(g)$ $Kc = 5 \times 10^{31}$

b. $2CO(g) + O_2 (g) \rightarrow 2CO_2 (g)$ $Kc = 2 \times 10^{-11}$

c. $PCl_5(g) \rightarrow PCl_3(g) + Cl_2 (g)$ $Kc = 1.2 \times 10^{-2}$

d. $H_2 (g) + F_2 (g) \rightarrow 2HF(g)$ $Kc = 1.15 \times 10^{0}$

풀이)

a. 큰 값 $Kc = 5 \times 10^{31}$ 이므로 평형 혼합물은 대부분 생성물이다.

b. 작은 값 $Kc = 2 \times 10^{-11}$ 이므로 평형 혼합물은 대부분 반응물이다.

c. 작은 값 $Kc = 1.2 \times 10^{-2}$ 평형 혼합물은 약간의 반응물이다

d. 평형상수 값이 1에 가까우므로 반응물과 생성물의 이 평형 혼합물로 존재

40. 다음 반응의 K_c 값은 110℃에서 10.0이다. 평형 혼합물에 O_2 1.0 M이 들어 있다면, O_3의 몰농도는 얼마일까?

a. $3O_2 (g) \rightleftarrows 2O_3(g)$

O_3 = 3.2 M

41. 르샤틀리에 원리에 따르면 다음 반응의 평형 혼합물에 O_2를 첨가 했을 때, 평형은 생성물 방향으로 이동하는가, 반응물 방향으로 이동하는가?

a. $3O_2 (g) \rightarrow 2O\times (g)$

b. $2CO_2(g) \rightarrow 2CO(g) + O_2 (g)$

c. $2SO_2 (g) \rightarrow O_2 (g) + 2SO (g)$

d. $2CO_2 (g) + 2H_2O(g)\ 2H_2S(g) + 3O_2 (g)$

풀이)

a. 생성물쪽으로
b. 반응물쪽으로
c. 반응물쪽으로
d. 반응물쪽으로

42. 르샤틀리에 원리에 따르면 다음 반응이 일어나는 용기의 부피를 줄였을 때, 평형은 생성물 방향으로 이동하는가, 반응물 방향으로 이동하는가, 변하지 않는가?

a. $3O_2 (g) \rightleftarrows 2O_3(g)$
b. $2CO_2 (g) \rightleftarrows 2CO(g) + O_2 (g)$

c. $P_4(g) + 5O_2 (g) \rightleftarrows P_4O_{10}(s)$
d. $2SO_2 (g) + 2H_2O(g) \rightleftarrows 2H_2S(g) + 3O_2 (g)$

풀이)

a. 평형은 생성물 쪽으로 이동한다.
b. 평형은 반응물 쪽으로 이동한다.
c. 평형은 생성물 쪽으로 이동한다.
d. 평형은 반응물 쪽으로 이동한다.

43. $COCl_2$가 CO와 Cl_2로 분해되는 반응의 평형 상수 Kc는 0.68이다. 평형 혼합물에 CO 0.40 M와 Cl_2 0.74 M가 들어 있다면, $COCl_2$ 의 몰농도는 얼마일까?

$$COCl_2(g) \rightleftarrows CO(g) + Cl_2 (g)$$

$K_c = ([CO][Cl_2])/[COCl_2] = 0.68 = (0.4)(0.74)/x$

$COCl_2$ 몰농도=0.44M

44. 다음 난용성 이온 화합물에 대해, 해리 평형 식과 용해도곱 식을 써라.

a. KF
b. $Mg(OH)_2$
c. $Ca_3(PO_3)_2$

풀이)

a. $KF(s) \rightleftarrows K^+(aq) + F^-(aq)$;

$$Ksp = [K^+][F^-]$$

b. $Mg(OH)_2(s) \rightleftarrows Mg^{2+} (aq) + 2 OH^-(aq)$;

$$Ksp = [Mg^{2+}][OH^-]^2$$

c. $Ca_3(PO_3)_2(s) \rightleftarrows 3Ca^{2+}(aq) + 2PO_3^{3-}(aq)$;

$$Ksp = [Ca^{2+}]^3[PO_3^{3-}]^2$$

45. 미지의 이온 화합물의 화학식이 A_3X_2이고 물에 약간 녹는다고 한다.
A_3X_2포화 용액에는 $[A^{2+}] = 4.3 \times 10^{-3}$ M, $[X^{3-}] = 8.3 \times 10^{-3}$ M이 들어 있다. A_3X_2의 K_{sp} 값은 얼마인가?

풀이) K_{sp} = 5.47 × 10^{-12}

46. 용기 부피의 증가는 평형에 있는 다음 반응에 어떻게 영향을 주는가? 설명하라.

a. SO_2Cl_2 (g) ⇄ SO_2 (g) + Cl_2 (g)

b. H_2O(l) + CO_2 (g) ⇄ H_2CO_3(aq)

풀이)

a. 반응물과 생성물이 모두 기체 상태이기 때문에 부피의 증가는 모두 반응물과 생성물의 농도를 감소시킬 것이다. 균형 맞춘 반응식에는 두 가지의 기체 생성물 분자와 한 가지의 기체 반응물 분자가 있으므로 효과는 생성물에서 더 크다. 반응은 생성물의 농도를 증가시키기 위해 오른쪽으로 이동하여 평형을 다시 만들 것이다

b. CO_2만이 기체 상태이기 때문에 부피의 증가는 CO_2의 농도만을 감소시킬 것이다. 평형은 CO_2 농도를 증가시키기 위해 왼쪽으로 이동하여 평형을 다시 만들것이다.

47. 각 반응에서 온도 감소는 생성물의 평형 농도에 어떤 영향을 줄 것인가? 각각의 경우에 K평형 값은 어떻게 변할 것인가?

a. $2SO_2$(g) + O_2 (g) ⇄ $2SO_3$(g) 발열

b. $3O_2$ (g) ⇄ $2O_3$ (g) 흡열

풀이)

a. 이 반응은 발열 반응이므로 생성물 쪽에 열이 들어가는 반응식을 쓸 수 있다.

$2SO_2$(g) + O_2 (g) ⇄ $2SO_3$+ 열

온도가 감소하면 평형 계는 열을 잃는다. 이것은 생성물을 제거하는 것과 같다고 생각할 수 있다. 평형은 더 많은 생성물(SO_3)을 만들기 위해 이동하므로 평형의 위치는 오른쪽으로 이동할 것이다. 생성물은 증가하고 반응물은 감소하기 때문에 K평형 값은 더 낮은 온도에서 더 큰 값이 될 것이다.

b. 이 반응은 흡열 반응이므로 반응물 쪽에 열이 들어가는 반응식을 쓸 수 있다.

열 + $3O_2$ (g) ⇄ $2O_3$(g)

온도가 감소하면 평형 계는 열을 잃는다. 이것은 반응물을 제거하는 것과 같다고 생각할 수 있다. 반응은 O_2를 증가시키고 O_3를 감소시키므로 평형 위치는 왼쪽으로 이동할 것이다. 반응물은 증가하고 생성물은 감소하기 때문에 K평형 값은 더 낮은 온도에서 더 작아질 것이다.

48. 200°C에서 평형 상태에 도달해 있는 다음의 반응을 생각해 보자.

4HCl(g) + O_2 (g) ⇄ $2Cl_2$ (g) + $2H_2O$(g)   발열

다음의 각 변화가 Cl_2 생성물의 평형 농도를 증가시키는가? 이유를 설명하라.

a. H_2O기체 제거

b. HCl기체 제거

c. 온도증가

d. 부피감소

e. 반응 속도를 증가시키는 촉매 첨가

풀이)

a. H_2O를 제거하면 평형이 오른쪽으로 이동하여 더 많은 생성물이 만들어지기 때문에 Cl_2의

농도가 증가할 것이다.

b. HCl를 제거하면 Cl_2의 농도가 증가하지 않는다. 대신에 반응이 왼쪽으로 이동하고 반응이 진행되는 과정에서 Cl_2를 소모시키기 때문에 Cl_2의 농도는 감소될 것이다.

c. 이 반응은 발열 반응이므로 반응식의 생성물 쪽에 열을 더할 수 있다.

$$4HCl(g) + O_2(g) \rightleftarrows 2Cl_2(g) + 2H_2O(g) + \text{열}$$

온도의 증가 또는 열의 첨가는 생성물의 첨가와 같은 효과를 나타낸다. 반응은 왼쪽으로 이동할 것이고 Cl_2와 H_2O를 소모하여 더 많은 HCl과 O_2를 만들 것이다. Cl_2의 평형 농도는 감소될 것이다.

d. 부피가 감소하면 모든 농도가 증가하므로 기체 반응물이나 생성물 중 더 적은 수를 가진 쪽으로 평형이 이동하게 된다. 반응물 쪽은 5개의 기체 분자들이 있고, 생성물 쪽에는 단지 네 개의 기체 분자들이 있으므로, 반응은 오른쪽으로 이동하여 Cl_2의 농도를 증가시킨다.

e. 촉매의 첨가는 평형의 위치에는 아무런 영향을 주지 않고 반응이 평형에 도달하는 속도만을 변화시킨다.

제 7 장 산과 염기

1. Brønsted-Lowry 이론에 의하여 다음 중에서 산으로 작용하는 것과 염 기로 작용하는 것은 어느 것인가?

a. $HAsO_4^{2-}$ b. CH_3O^- c. CO_3^{2-}

풀이)

산: $HAsO_4^{2-}$, 염기: CH_3O^-,CO_3^{2-},$HAsO_4^{2-}$

2. 아래의 화학종이 Brønsted-Lowry 염기처럼 거동함을 염기성 수용액반응으로 보여라.왜 염기성 수용액 을 만드는지 반응식으로 보여라..

a. $C_2H_5NH_2(aq)$ b. $H_2PO_4^-$

c. $PO_4^{3-}(aq)$ d.$(CH_3)_3N(aq)$

풀이)

a. $C_2H_5NH_2(aq) \leftrightarrow C_2H_5NH_3^+(aq)+OH^-(aq)$

b. $H_2PO_4^- + H_2O \leftrightarrow H_2PO_4(aq) + OH^-(aq)$

c. $PO_4^{3-}(aq) \leftrightarrow HPO_4^{2-}(aq)+ OH^-(aq)$

d. $(CH_3)_3N(aq) + H_2O \leftrightarrow (CN_3)_3NH^+(aq) + OH^-(aq)$

3. 다음 각 염기의 짝산을 써라.

a. SO_3^{2-} b. SO_4^{2-}

c. PO_4^{3-} d. $H_2PO_4^-$

e. HPO_4^{2-} f. CO_3^{2-}

g. HSO_4^- h. HCO_3^-

i. NO_2^- j. HS^-

풀이)

a. HSO_3^- b. HSO_4^-

c. HPO_4^{2-} d. H_3PO_4

e. $H_2PO_4^-$ f. HCO_3^-

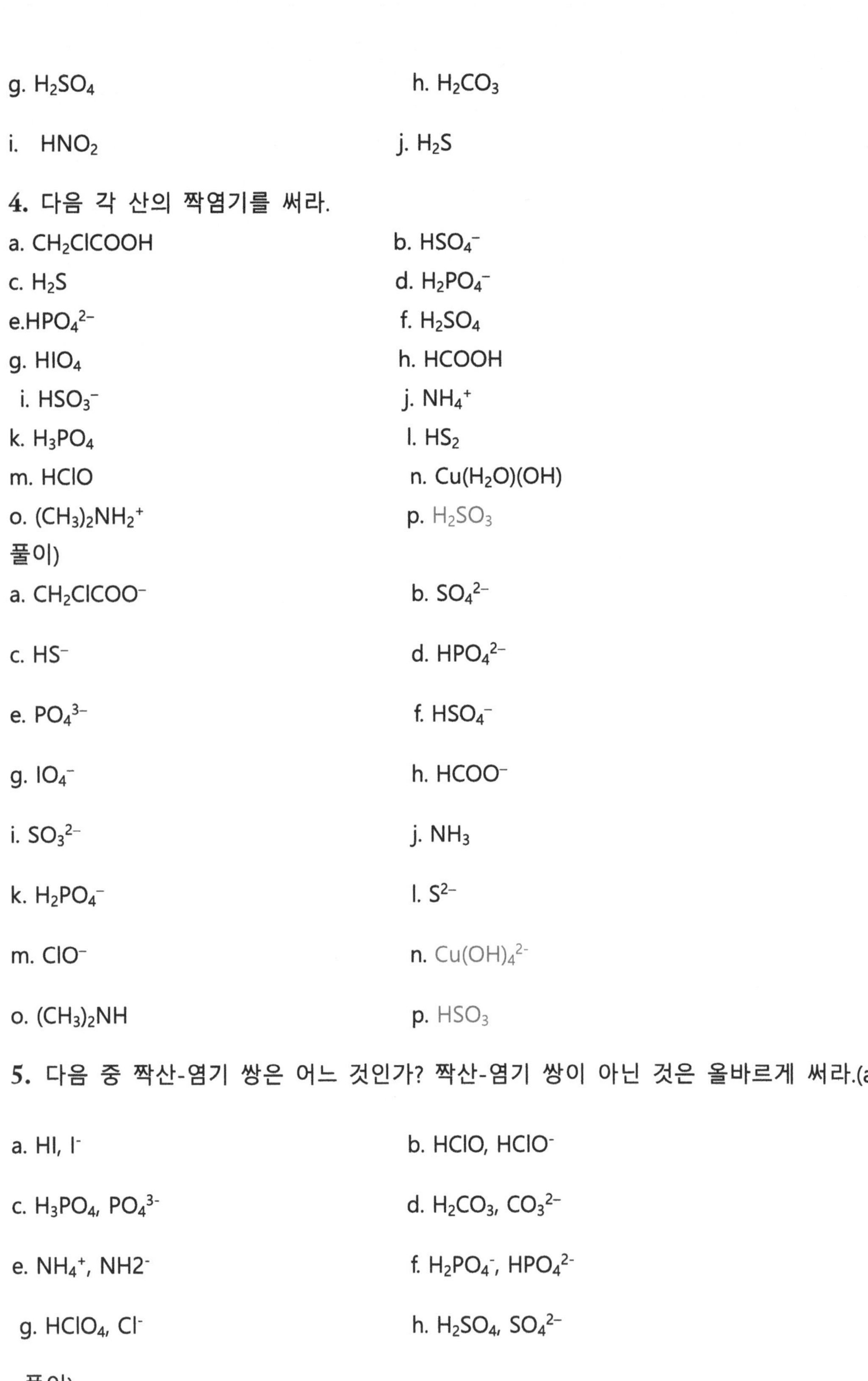

g. H_2SO_4 | h. H_2CO_3

i. HNO_2 | j. H_2S

4. 다음 각 산의 짝염기를 써라.

a. $CH_2ClCOOH$ | b. HSO_4^-
c. H_2S | d. $H_2PO_4^-$
e. HPO_4^{2-} | f. H_2SO_4
g. HIO_4 | h. $HCOOH$
i. HSO_3^- | j. NH_4^+
k. H_3PO_4 | l. HS_2
m. $HClO$ | n. $Cu(H_2O)(OH)$
o. $(CH_3)_2NH_2^+$ | p. H_2SO_3

풀이)

a. CH_2ClCOO^- | b. SO_4^{2-}

c. HS^- | d. HPO_4^{2-}

e. PO_4^{3-} | f. HSO_4^-

g. IO_4^- | h. $HCOO^-$

i. SO_3^{2-} | j. NH_3

k. $H_2PO_4^-$ | l. S^{2-}

m. ClO^- | n. $Cu(OH)_4^{2-}$

o. $(CH_3)_2NH$ | p. HSO_3

5. 다음 중 짝산-염기 쌍은 어느 것인가? 짝산-염기 쌍이 아닌 것은 올바르게 써라.(a)

a. HI, I^- | b. $HClO$, $HClO^-$

c. H_3PO_4, PO_4^{3-} | d. H_2CO_3, CO_3^{2-}

e. NH_4^+, NH2$^-$ | f. $H_2PO_4^-$, HPO_4^{2-}

g. $HClO_4$, Cl^- | h. H_2SO_4, SO_4^{2-}

풀이)

a. 짝산-염기 쌍 | b. $HClO$, ClO^- → $HClO_2$, ClO_2^-

c. H_3PO_4, $H_2PO_4^-$ → HPO_4^{2-}, PO_4^{3-} | d. H_2CO_3, HCO_3^- → HCO_3^-, CO_3^{2-}

e. NH_4^+, NH_3 → NH_3, NH_2^- | f 짝산-염기 쌍

g. $HClO_4$, ClO_4^- → HCl, Cl^- | h. H_2SO_4, HSO_4^- → HSO_4^-, SO_4^{2-}

6. 다음 염기의 짝산을 써라.

a. PO_4^{3-} b. IO_3^-
c. NO_3^- d. NH_2^-
e. ClO^- f. Cl^-
g. ClO_3^- h. ClO_4^-

풀이)

a. HPO_4^{2-} b. HIO_3
c. HNO_3 d. NH_3
e. $HClO$ f. HCl
g. $HClO_3$ h. $HClO_4$

7. 다음 산의 짝 염기를 써라.

a. H_2S b. HS^-
c. NH_3 d. H_2SO_3
e. HBrO f. HSO^{3-}
g. HNO2 h. CH_3NH_3

풀이)

a. HS^- b. S^{2-}
c. NH_2^- d. HSO_3^-
e. BrO^- f. SO_3^{2-}
g. NO_2^- h. CH_3NH_2

8. 다음 화학종이 물에 녹아있을 때 산으로 반응하는 반응식을 써라.

a. 산으로서 HSO_3^- b. 산으로서 $H_2PO_4^-$

c. 산으로서 HSO_4^- d. 산으로서 HNO2

풀이)

a. $HSO_3^-(aq) + H_2O(l) \rightarrow SO_3^{2-}(aq) + H_3O^+(aq)$

b. $H_2PO_4^-(aq) + H_2O(l) \rightarrow HPO_4^{2-}(aq) + H_3O^+(aq)$

c. $HSO_4^-(aq) + H_2O(l) \rightarrow SO_4^{2-}(aq) + H_3O^+(aq)$

d. $HNO_2(aq) + H_2O(l) \rightarrow NO_2^-(aq) + H_3O^+(aq)$

9. 다음 화학종이 물에 녹아있을 때 염기로 반응하는 반응식을 써라.

a. 염기로서 O^{2-}

b. 염기로서 CO_3^{2-}

c. 염기로서 $C_2H_3O_2^-$

b. 염기로서 NH3

풀이)

a. $O^{2-}(aq) + H_2O(l) \rightarrow OH^-(aq) + OH^-(aq)$

b. $CO_3^{2-}(aq) + H_2O(l) \rightarrow HCO_3^-(aq) + OH^-(aq)$

c. $C_2H_3O_2^-(aq) + H_2O(l) \rightarrow HC_2H_3O_2(aq) + OH^-(aq)$

d. $NH_3(aq) + H_2O(l) \rightarrow NH_4^+(aq) + OH^-(aq)$

10. 산소산이란 무엇인가? 산소산 3개의 화학식을 쓰시오.

풀이) 산소를 포함하고 있는 산: HNO_3, H_2SO_4, $HClO_4$

11. 다음 중 짝염기의 산세기를 비교하라.

a. HCN

b. H_2S

c. $HBrO_4$

d. HNO_3

풀이)

a. CN^-:강염기; HCN : 약산

b. HS^- :강염기; H_2S : 약산

c. BrO_4^-:약염기; $HBrO_4$: 강산

d. NO_3^- :약염기; HNO_3 . : 강산

12. 다음 용액의 $[H^+]$를 계산하라. 용액이 산성인지, 염기성인지 구별하라.

a. $[OH^-] = 6.22 \times 10^{-2}$ M

b. $[OH^-] = 3.12 \times 10^{-5}$ M

c. $[OH^-] = 7.56 \times 10^{-2}$ M

d. $[OH^-] = 3.23 \times 10^{-4}$ M

e. $[OH^-] = 7.86 \times 10^{-5}$ M

f. $[OH^-] = 5.44 \times 10^{-8}$ M

g. $[OH^-] = 3.19 \times 10^{-3}$ M

h. $[OH^-] = 2.51 \times 10^{-9}$ M

풀이) 298K, $K_w = [H^+][OH^-] = 1.0 \times 10^{-14}$

a. $[H^+] = \frac{1.0 \times 10^{-14}}{6.19 \times 10^{-2}} = 1.6 \times 10^{-11}$ M; 염기

b. $[H^+] = \frac{1.0 \times 10^{-14}}{3.02 \times 10^{-5}} = 3.3 \times 10^{-8}$ M; 약염기

c. $[H^+] = \frac{1.0 \times 10^{-14}}{7.56 \times 10^{-2}} = 1.3 \times 10^{-11}$ M; 염기

d. $[H^+] = \frac{1.0 \times 10^{-14}}{3.23 \times 10^{-9}} = 3.1 \times 10^{-4}$M; 산

e. $[H^+] = \frac{1.0 \square 10^{\square 14}}{7.86 \square 10^{\square 4}\ M} = 1.3 \square 10^{\square 11}\ M$; 염기

f. $[H^+] = \frac{1.0 \square 10^{\square 14}}{5.44 \square 10^{\square 8}\ M} = 1.8 \square 10^{\square 7}\ M$; 산

g. $[H^+] = \frac{1.0 \square 10^{\square 14}}{3.19 \square 10^{\square 3}\ M} = 3.1 \square 10^{\square 12}\ M$; 염기

h. $[H^+] = \frac{1.0 \square 10^{\square 14}}{2.51 \square 10^{\square 9}\ M} = 4.0 \square 10^{\square 6}\ M$; 산

13. 다음 용액의 [OH-]를 계산하고, 이 용액이 산성인지, 염기성인지 구별하라.

a. $[H^+] = 3.41 \times 10^{-1}$ M

b. $[H^+] = 4.79 \times 10^{-9}$ M

c. $[H^+] = 8.05 \times 10^{-5}$ M

d. $[H^+] = 9.77 \times 10^{-5}$ M

e. $[H^+] = 1.02 \times 10^{-5}$ M

f. $[H^+] = 5.43 \times 10^{-7}$ M

g. $[H^+] = 4.01 \times 10^{-2}$ M

h. $[H^+] = 7.22 \times 10^{-4}$ M

풀이) 다음 용액의 [OH⁻]를 계산하고 이 용액이 산성인지 염기성 인지 구별 하라.

a. $[OH^-] = \frac{1.0 \times 10^{-14}}{3.41 \times 10^{-1}} = 2.9 \times 10^{-12}$ M; 산성

b. $[OH^-] = \frac{1.0 \times 10^{-14}}{4.79 \times 10^{-9}} = 2.1 \times 10^{-4}$ M; 염기

c. $[OH^-] = \frac{1.0 \times 10^{-14}}{8.05 \times 10^{-5}} = 1.2 \times 10^{-8}$ M; 산성

d. $[OH^-] = \frac{1.0 \times 10^{-14}}{9.77 \times 10^{-5}} = 1.02 \times 10^{-7}$ M; 약염기

e. $[OH^-] = \frac{1.0 \times 10^{-14}}{1.02 \times 10^{-5}} = 9.8 \times 10^{-8}$ M; 산성

f. $[OH^-] = \frac{1.0 \times 10^{-14}}{5.43 \times 10^{-7}} = 1.8 \times 10^{-6}$ M; 염기

g. $[OH^-] = \frac{1.0 \times 10^{-14}}{4.01 \times 10^{-2}} = 2.5 \times 10^{-11}$ M; 산성

h. $[OH^-] = \frac{1.0 \times 10^{-14}}{7.22 \times 10^{-4}} = 1.4 \times 10^{-9}$ M; 산성

14. 수소 이온 농도가 다음과 같이 주어졌을 때 pH를 계산하고 이 용액이 산성인지 염기성인지 말하시오.

a. $[H^+] = 4.02 \times 10^{-3}\ M]$

b. $[H^+] = 8.99 \times 10^{-7}\ M$

c. $[H^+] = 2.39 \times 10^{-6}\ M$

d. $[H^+] = 1.89 \times 10^{-10}\ M$

풀이) $pH = -\log[H^+]$

a. $pH = -\log[4.02 \times 10^{-3}\ M] = 2.396$; 산성

b. $pH = -\log[8.99 \times 10^{-7}\ M] = 6.046$; 산성

c. $pH = -\log[2.39 \times 10^{-6}\ M] = 5.622$; 산성

d. $pH = -\log[1.89 \times 10^{-10}\ M] = 9.724$; 염기성

15. 이온 농도가 다음과 같을 때 pH를 계산하고 이 용액의 액성을 구별 하라.

a. $[H^+] = 0.00512\ M$ b. $[H^+] = 3.76 \times 10^{-5}\ M$

c. $[H^+] = 5.61 \times 10^{-10}\ M$ d. $[H^+] = 8.44 \times 10^{-6}\ M$

풀이) $pH = -\log[H^+]$

a. $pH = -\log[0.00512\ M] = 2.291$; 산성

b. $pH = -\log[3.76 \times 10^{-5}\ M] = 4.425$; 산성

c. $pH = -\log[5.61 \times 10^{-10}\ M] = 9.251$; 염기성

d. $pH = -\log[8.44 \times 10^{-6}\ M] = 5.074$; 산성

16. 이온의 농도가 다음과 같을 때 pH를 계산하고, 이 용액의 액성을 구별 하라.

a. $[OH^-] = 5.99 \times 10^{-1}\ M$ b. $[OH^-] = 3.96 \times 10^{-7}\ M$

c. $[OH^-] = 6.39 \times 10^{-3}\ M$ d. $[OH^-] = 5.33 \times 10^{-12}\ M$

e. $[OH^-] = 4.73 \times 10^{-4}\ M$ f. $[OH^-] = 4.85 \times 10^{-5}\ M$

g. $[OH^-] = 2.87 \times 10^{-8}\ M$ h. $[OH^-] = 1.22 \times 10^{-10}\ M$

풀이) $pOH = -\log[OH^-]$ $pH = 14.00 - pOH$

a. $pOH = -\log[5.99 \times 10^{-1}\ M] = 0.223$

$pH = 14.00 - 0.223 = 13.777 = 13.78$; 염기성

b. $pOH = -\log[3.96 \times 10^{-7}\ M] = 6.402$

$pH = 14.00 - 6.402 = 7.598 = 7.60$; 염기성

c. $pOH = -\log[6.39 \times 10^{-3}\ M] = 2.194$

$pH = 14.00 - 2.194 = 11.806 = 11.81$; 염기성

d. $pOH = -\log[5.33 \times 10^{-12}\ M] = 11.273$

$pH = 14.00 - 11.273 = 2.727 = 2.73$; 산성

e. $pOH = -\log[4.73 \times 10^{-4}\ M] = 3.325$

$pH = 14.00 - 3.325 = 10.675 = 10.68$; 염기성

f. $pOH = -\log[4.85 \times 10^{-5}\ M] = 4.314$

$pH = 14.00 - 4.314 = 9.686 = 9.69$; 염기성

g. $pOH = -\log[2.87 \times 10^{-8}\ M] = 7.542$

pH = 14.00 – 7.542 = 6.458 = 6.46;　　　산성

h. pOH = –log[1.22 × 10^{-10} *M*] = 9.914

pH = 14.00 – 9.914 = 4.086 = 4.09;　　　산성

17. 다음 화합물의 산의 세기를 비교하라.

a. HNO_3　　　b. HF

c. H_2SO_4　　　d. HSO_4^-

e. H_2CO_3　　　f. HCO_3^-

g. HCN　　　h. HNO_2

풀이)

a. 강산　　　b. 약산

c. 강산　　　d. 약산

e. 약산　　　f.약산

g. 약산　　　h.약산

18. 다음 화합물의 염기의 세기를 비교하라.

a. LiOH　　　b. CN^-

c. H_2O　　　d. NH_2^-.

풀이)

a. 강염기　　　b. 약염기

c. 약염기　　　d. 강염기

19. 다음 pH 값을 갖는 용액에서 수소 이온의 농도를 구하시오.

a. pH = 15.00.　　　b. pH = 11.21

c. pH = 6.96　　　d. pH = 2.42

e. pH = 5.20　　　f. pH = 16.00

g. pH = 3.00　　　h. pH =13.89

풀이)

a. $[H^+] = 10^{-15.00} = 1.0 \times 10^{-15}$ M

b. $[H^+] = 10^{-11.21} = 6.2 \times 10^{-12}$ M

c. $[H^+] = 10^{-6.96} = 1.1 \times 10^{-7}$ M

d. $[H^+] = 10^{-2.42} = 3.8 \times 10^{-3}$ M

e. $[H^+] = 10^{-5.20} = 6.3 \times 10^{-6}$ *M*

f. $[H^+] = 10^{-16.00} = 1.0 \times 10^{-16}$ *M*

g. $[H^+] = 10^{-3.00} = 1.0 \times 10^{-3}$ M

h. $[H^+] = 10^{-13.89} = 1.3 \times 10^{-14}$ M

20. 681K 에서 물의 pH 를 계산하라. (K_w: 3.8×10^{-14})

풀이)

$K_w = 3.8 \times 10^{-14} = [H^+][OH^-]$

물의 자동 이온화에 의한 몰비= $H^+ : OH^- = 1:1$

$$3.8 \times 10^{-14} = x^2$$

$x = [H^+] = 1.9 \times 10^{-7}$ *M*

$pH = -\log[H^+] = -\log(1.9 \times 10^{-7}) = 6.72$

21. 다음 용액의 pH 를 계산하시오.

a. $[H^+] = 3.42 \times 10^{-10}$ M
b. pOH = 5.92
c. $[OH^-] = 2.86 \times 10^{-7}$ M
d. $[H^+] = 9.11 \times 10^{-1}$ M
e. $[H^+] = 4.78 \times 10^{-2}$ M
f. pOH = 4.56
g. $[OH^-] = 9.74 \times 10^{-3}$ M
h. $[H^+] = 1.24 \times 10^{-8}$ M

풀이)

a. $pH = -\log[3.42 \times 10^{-10} M] = 9.466$
b. pH = 14.00 – pOH = 14.00 – 5.92 = 8.08
c. $pOH = -\log[2.86 \times 10^{-7} M] = 6.544$ pH = 14.00 – 6.544 = 7.46
d. $pH = -\log[9.11 \times 10^{-2} M] = 1.040$

e. $pH = -\log[4.78 \times 10^{-2} M] = 1.321$
f. pH = 14.00 – pOH = 14.00 – 4.56 = 9.44
g. $pOH = -\log[9.74 \times 10^{-3} M] = 2.011$ pH = 14.00 – 2.011 = 11.99
h. $pH = -\log[1.24 \times 10^{-8} M] = 7.907$

22. 물 662mL 에 HCl I8.4 g 을 녹여 용액을 만들었을 때, 용액의 pH 를 계산하라.

(용액 부피: 662 mL로 가정하라.)

풀이) 용액의 몰농도: $\dfrac{18.4\text{ g HCl} \times \dfrac{1\text{ mol HCl}}{36.46\text{ g HCl}}}{662 \times 10^{-3}\text{ L}} = 0.762\ M$

$$pH = -\log(0.762) = 0.118$$

23. 부피가 5.50 mL인 0.360 *M* KOH 용액에 KOH의 몰수를 계산하라. 용액의 pOH는 얼마일까?

풀이) $5.50\text{ mL} \times \dfrac{1\text{ L}}{1000\text{ mL}} \times \dfrac{0.360\text{ mol}}{1\text{ L}} = \mathbf{1.98 \times 10^{-3}\ mol\ KOH}$

$[OH^-] = 0.360\ M$

$pOH = -\log[OH^-] = 0.444$

24. 다음 강산 용액의 수소 이온 농도와 pH를 계산하시오.

a. 1.04×10^{-4} M HCl

b. 0.00301M HNO_3

c. 5.41×10^{-4} M $HClO_4$

d. 6.42×10^{-2} M HNO_3

풀이)

a. HCl : 강산, 완전 이온화

$[H^+] = 1.04 \times 10^{-4}$ M, $pH = -\log[1.04 \times 10^{-4}] = 3.983$.

b. HNO_3 : 강산, 완전 이온화

$[H^+] = 0.00301$ M, $pH = -\log[0.00301] = 2.521$.

c. $HClO_4$: 강산, 완전 이온화

$[H^+] = 5.41 \times 10^{-4}$ M, $pH = -\log[5.41 \times 10^{-4}] = 3.267$.

d. HNO_3 : 강산, 완전 이온화

$[H^+] = 6.42 \times 10^{-2}$ M, $pH = -\log[6.42 \times 10^{-2}] = 1.192$.

25. 다음 강산 용액의 pH를 계산하시오.

a. 1.21×10^{-3} *M* HNO_3

b. 0.000199M $HClO_4$

c. 5.01×10^{-5} *M* HCl

d. 0.00104 *M* HBr

풀이)

a. HNO_3 : 강산, 완전 이온화, $[H^+] = 1.21 \times 10^{-3}$ *M* and pH = 2.917.

b. $HClO_4$: 강산, 완전 이온화, $[H^+] = 0.000199$ *M* and pH = 3.701.

c. HCl : 강산, 완전 이온화, $[H^+] = 5.01 \times 10^{-5}$ *M* and pH = 4.300.

d. HBr : 강산, 완전 이온화, $[H^+] = 0.00104\ M$ and pH = 2.983.

26. 다음 수용액 간의 반응의 알짜 이온 반응식을 써라.

a. 아세트산 소듐(NaC2H3O2)과 질산
b. 브로민산(hydrobromic acid)과 수산화 스트론튬(strontium hydroxide)
c. 하이포아염소산(hypochlorous acid)과 사이안화 소듐(sodium cyanide)
d. 수산화 소듐과 아질산(nitrous acid)

풀이)

a. $NaC_2H_3O_2(aq) + HNO_3(aq) \rightarrow HC_2H_3O_2(aq) + NaNO3(aq)$

$Na^+(aq) + C_2H3O_2^-(aq) + H^+(aq) + NO_3^-(aq) \rightarrow HC_2H_3O_2(aq) + Na^+(aq) + NO_3^-(aq)$

$C_2H_3O_2^-(aq) + H^+(aq) \rightarrow HC_2H_3O_2(aq)$

b. $2HBr(aq) + Sr(OH)_2(aq) \rightarrow SrBr_2(aq) + 2H_2O$

$2H^+(aq) + 2Br^-(aq) + Sr^{2+}(aq) + 2OH^-(aq) \rightarrow Sr^{2+}(aq) + 2Br^-(aq) + 2H_2O$

$2H^+(aq) + 2OH^-(aq) \rightarrow 2H_2O$

$H^+(aq) + OH^-(aq) \rightarrow H_2O$

c. $HClO(aq) + NaCN(aq) \rightarrow NaClO(aq) + HCN(aq)$

$HClO_2(aq) + Na^+(aq) + CH^-(aq) \rightarrow Na^+(aq) + ClO^-(aq) + HCN(aq)$

$HClO(aq) + CN^-(aq) \rightarrow ClO^-(aq) + HCN(aq)$

d. $HNO_2(aq) + NaOH(aq) \rightarrow NaNO_2(aq) + H_2O$

$HNO_2(aq) + Na^+(aq) + OH^-(aq) \rightarrow Na^+(aq) + NO_2^-(aq) + H_2O$

$HNO_2(aq) + OH^-(aq) \rightarrow NO_2^-(aq) + H_2O$

27. 다음 각각의 수용액과 OH^- 이온과의 반응에 대한 균형 맞춘 알짜 이온 반응식을 써라.
a. $Fe(H_2O)_6^{3+}$
b. 탄산 수소 소듐
c. 염화 암모늄

풀이)

a. $Fe(H_2O)_6^{3+}(aq) + OH^-(aq) \rightarrow H_2O + Fe(OH)(H_2O)_5^{2+}(aq)$

b. $HCO_3^-(aq) + OH^-(aq) \rightarrow H_2O + CO_3^{2-}(aq)$

c. $NH_4^+(aq) + OH^-(aq) \rightarrow H_2O + NH_3(aq)$

28. 산과 염기의 반응에 대한 균형 화학 반응식을 쓰시오.

a. $Mg(s) + 2HCl(aq) \rightarrow$
b. $2HCl(aq) + Na_2CO_3(aq) \rightarrow$
c. $HCl(aq) + NaOH(aq) \rightarrow$

d. ZnCO3(s) + 2HBr(aq) →

풀이)

a. $Mg(s) + 2HCl(aq) \rightarrow H_2(g) + MgCl_2(aq)$

b. $2HCl(aq) + Na_2CO_3(aq) \rightarrow CO_2(g) + H_2O(l) + 2NaCl(aq)$

c. $HCl(aq) + NaOH(aq) \rightarrow H_2O(l) + NaCl(aq)$

d. $ZnCO_3(s) + 2HBr(aq) \rightarrow CO_2(g) + H_2O(l) + ZnBr_2(aq)$

29. 사람이 스트레스나 외상을 입으면 때로 과호흡 증세가 시작된다. 과호흡인 사람이 졸도하는 것을 막기 위하여 종이봉투에 대고 호흡하면 증세가 호전될 수 있다.

a. 과호흡 중 혈액의 pH에는 어떤 변화가 일어나는가?

b. 종이봉투에 대고 호흡하면 혈액의 pH가 정상으로 되돌아오는 이유는 무엇인가?

풀이)

a. 과호흡을 하는 동안 CO_2를 잃어 혈액의 pH가 증가한다.

b. 종이 봉투 안에서 호흡하면 CO_2 농도가 증가해 혈액의 pH가 낮아지게 된다.

30. 다음 화합물이 산인지, 염기인지, 염인지 구분하고, 명명하시오.

a. $HBrO_2$ b. CsOH

c. $Mg(NO_3)_2$ d. $HClO_4$

풀이)

a. $HBrO_2$ 산, 아브로민산 b. CsOH 염기, 수산화 세슘

c. $Mg(NO_3)_2$ 염, 질산 마그네슘 d. $HClO_4$ 산, 과염소산

30. 물에 H_3PO_4 10.5 g을 녹여 3550 mL로 만든 용액의 pH와 pOH는 얼마인가?

풀이)

pH = 1.04, pOH = 12.9

31. 완충 용액의 예를 들고 특성을 말하라.

풀이)

예: $CH_3COOH) \leftrightarrow NaCH_3COO$

특성: 완충용액은 산이나 염기를 가하여도 그 pH가 거의 변화하지 않는 용액이다. 약산과 그 염의 혼합용액 또는 약염기와 그 염의 혼합용액으로 만들어 지며, 약산과 약염기의 해리특성에 의하여 그 pH가 쉽게 변화하지 않는다.

32. 다음 중 완충 용액인 것은?

a. $HCl \leftrightarrow NaCl$ b. $CH_3COOH \leftrightarrow KCH_3COO$

c. $H_2S \leftrightarrow$ NaHS　　　　　　　　d. $H_2S \leftrightarrow$ Na_2S

풀이)　b.　c.

33. 아세트산의 Ka = 1.8×10^{-5}이면, 0.40 M $HC_2H_3O_2$과 0.20 M $C_2H_3O_2^-$으로 만든 완충 용액의 pH는 얼마인가?

풀이)

$[H_3O^+] = 1.8 \times 10^{-5} \times [0.4]/[0.2] = 3.6 \times 10^{-5}$

$pH = -\log[3.6 \times 10^{-5}] = 4.44$

34. 0.15 M HCN 용액에서 HCN, H , CN^-, OH^-의 농도를 계산하라.

풀이)

	$HCN(aq) \rightleftarrows$	$H^+(aq)$	+ $CN^-(aq)$
초기 (M)	0.15	0	0
변화e (M)	−x	+x	+x
평형 (M)	0.15 − x	x	x

$$K_a = \frac{[H^+][CN^-]}{[HCN]}$$

$$4.9 \times 10^{-10} = \frac{x^2}{0.15 - x},$$

$$4.9 \times 10^{-10} \approx \frac{x^2}{0.15}$$

$x = [H^+] = [CN^-] = 8.6 \times 10^{-6}$ M

$[HCN] = 0.15 - x = 0.15$ M

$$[OH^-] = \frac{K_w}{[H^+]} = \frac{1.0 \times 10^{-14}}{8.6 \times 10^{-6}} = \mathbf{1.2 \times 10^{-9}}\ \boldsymbol{M}$$

35. acetic acid 0.0560g을 물에 녹여 만든 50.0mL 용액의 평형 상태에서 H1, CH_3COO^-, CH_3COOH의 농도를 계산하라.(acetic acid Ka:1.8 $\times 10^{-5}$).

풀이)

이온화전 acetic acid 몰수

$$0.0560 \text{ g acetic acid} \times \frac{1 \text{ mol acetic acid}}{60.05 \text{ g acetic acid}} = 9.33 \times 10^{-4} \text{ mol acetic acid}$$

$$\frac{9.33 \times 10^{-4}\text{ mol}}{0.0500\text{ L soln}} = 0.0187\ M\text{ acetic acid}$$

x = H^+, CH_3COO^- 이온의 평형 농도

	$CH_3COOH(aq)$ ⇄	H^+ (aq) +	$CH_3COO^-(aq)$
초기 (M):	0.0187	0	0
변화 (M):	–x	+x	+x
평형 (M):	0.0187 – x	x	x

$$K_a = \frac{[H^+][CH_3COO^-]}{[CH_3COOH]}$$

$$1.8 \times 10^{-5} = \frac{(x)(x)}{(0.0187 - x)}$$

0.0187 – x ≈ 0.0187

$$1.8 \times 10^{-5} = \frac{(x)(x)}{0.0187}$$

x = 5.8×10^{-4} M = $[H^+]$ = $[CH_3COO^-]$

$[CH_3COOH]$ = $(0.0187 - 5.8 \times 10^{-4})$M = 0.0181 M

이온화정도: $\frac{5.8 \times 10^{-4}}{0.0187} \times 100\% = 3.1\% < 5\%$

36. 0.47 *M* 아황산수소 소듐($NaHSO_3$) 용액 의 pH를 계산하라.

풀이)

$[HB]_0 = \frac{0.288\ mol\ HB}{726\ mL}$ x $\frac{1000\ mL}{1L}$ = 0.397M

$[H^+]_0$ = $[B^-]_0$ = 0. Let $\Delta[H^+]$=x:

	HB(aq) ⇄	H^+(aq) +	B^-(aq)
초기 (M):	0.397	0	0
변화 (M):	–X	+X	+X
평형 (M):	0.397 –x	x	x

K_a=6.6x 10^{-5} $= \frac{[H^+][B^-]}{[HB]} = \frac{(X)(X)}{(0.379-x)}$

$x \ll 0.379$:

$6.6\text{x } 10^{-5} = \frac{X^2}{0.379}$ so $x^2 = (0.379)(6.6\text{x } 10^{-5}) = 2.6 \text{ x}10^{-5}$ and $x = 5.1 \text{ x}10^{-3}$

이온화 % = $[H^+]_{eq}/ [HB]_0$ x 100 = $(5.1 \text{ x}10^{-3})/ (0.397)$ x 100= 1.3% < 5%

pH = $-\log_{10}[H^+] = -\log_{10}(5.1\times 10^{-3}) = 2.29$

이온화% = $\frac{[H^+]_{eq}}{[HB]_0}$x100 = $\frac{5.1\times 10^{-3}}{0.379}$x 100= 1.3%

37. 0.84M Na_2SO_3 수용액의 $[OH^-]$, pOH와 pH를 구하라.

풀이)

$SO_3^{2-}(aq) + H_2O \Leftrightarrow HSO_3^-(aq) + OH^-(aq) \qquad K_b = \frac{[HSO_3^-][OH^-]}{[SO_3^{2-}]}$

$[SO_3^{2-}] = \frac{0.84\text{mol } Na_2SO_3}{1L} \times \frac{1\text{mol } SO_3^{2-}}{1\text{mol } Na_2SO_3} = 0.84M$

$[HSO_3^-]_0 = [OH^-]_0 = 0$, $\triangle[OH^-] = x$:

	$SO_3^{2-}(aq)$	$+ H_2O$	$\rightleftarrows$	$HSO_3^-(aq)$	$+ OH^-(aq)$
초기(M):	0.84			0	0
변화 (M):	-x			+x	+x
평형 (M):	0.84 - x			x	x

$K_b = 1.7 \text{ x } 10^{-7} = \frac{[HSO_3^-][OH^-]}{[SO_3^{2-}]} = \frac{(x)(x)}{(0.84-x)}$

x << 0.84:

$1.7 \text{ x } 10^{-7} = \frac{x^2}{0.84} \quad x^2 = (0.84)(1.7 \text{ x } 10^{-7}) = 1.4 \times 10^{-7}$, $X = 3.7\times 10^{-4}$ M

이온화 % = $=[OH^-]_{eq}/[SO_3^{2-}]_0$ x 100 - $(3.7\times 10^{-4})/(0.84)$ x 100 4.4% < 5%

$x = [OH^-]_{eq}$, $\qquad [OH^-] = 3.7\times 10^{-4}$ M

pOH = $-\log_{10}[OH^-] = -\log_{10}(3.7\times 10^{-4}) = 3.43$

pH + pOH =14.00

PH = 14.00 – pOH = 14.00 – 3.43 = 10.57

38. 평형 상태에서의 pH 가 3.26 인 폼산(HCOOH) 용액의 초 기의 몰 농도는 얼마일까?
풀이)

A pH= 3.26 → $[H^+] = 5.5 \times 10^{-4}$ *M.*

	$HCOOH(aq)$	⇄	$H^+(aq)$	+	$HCOO^-(aq)$
초기(M):	x		0		0
변화 (M):	-5.5×10^{-4}		$+5.5 \times 10^{-4}$		$+5.5 \times 10^{-4}$
평형 (M):	$x-(5.5 \times 10^{-4})$		5.5×10^{-4}		5.5×10^{-4}

$$K_a = \frac{[H^+][HCOO^-]}{[HCOOH]}$$

$$1.7 \times 10^{-4} = \frac{(5.5 \times 10^{-4})^2}{x - (5.5 \times 10^{-4})}$$

x = [HCOOH] = 2.3×10^{-3} M

39. 다음 농도에서 플루오린화 수소산(HF)의 이온화 백분율을 계산하라.

a. 0.60M b. 0.080M c. 0.0046M d. 0.00028 M.

풀이)

a.

	$HF(aq)$)	⇄	$H^+(aq)$	+	$F^-(aq)$
초기(M):	0.60		0		0
변화 (M):	$-x$		$+x$		$+x$
평형 (M):	$0.60 - x$		x		x

$$K_a = \frac{[H^+][F^-]}{[HF]}$$

$$7.1 \times 10^{-4} = \frac{(x)(x)}{(0.60 - x)}$$

$$0.60 - x \approx 0.60$$

$$7.1 \times 10^{-4} = \frac{(x)(x)}{0.60}$$

x = 0.021 M = $[H^+]$

이온화% = 0.021M/0.6M =35.%

b. $$K_a = \frac{[H^+][F^-]}{[HF]} = \frac{x^2}{(0.080 - x)} = 7.1 \times 10^{-4}$$

$$x^2 + (7.1 \times 10^{-4})x - (5.7 \times 10^{-5}) = 0$$

$$x = 7.2 \times 10^{-3}\ M$$

이온화% = $\frac{7.2 \times 10^{-3} M}{0.080 M}$ x 100% =9.0%

c. $K_a = \frac{[H^+][F^-]}{[HF]} = \frac{x^2}{(0.0046 - x)} = 7.1 \times 10^{-4}$

$x^2 + (7.1 \times 10^{-4})x - (3.3 \times 10^{-6}) = 0$

$x = 1.5 \times 10^{-3}$ M

이온화% = $\frac{1.5 \times 10^{-3} M}{0.046 M}$ x 100% =33%

d. $K_a = \frac{[H^+][F^-]}{[HF]} = \frac{x^2}{(0.00028 - x)} = 7.1 \times 10^{-4}$

$x^2 + (7.1 \times 10^{-4})x - (2.0 \times 10^{-7}) = 0$

$x = 2.2 \times 10^{-4}$ *M*

이온화% = $\frac{2.2 \times 10^{-4} M}{0.00028 M}$ x 100% =79

용액이 묽어짐에 따라 이온화%가 증가 한다.

40. 어떤 일양성자산 0.040 *M* 의 이온화 백분율이 14%였다. 이 산의 이온화 상수를 구하라.

풀이) 14% 이온화하면,

$[H^+] = [A^-] = 0.14 \times 0.040$ M $= 0.0056$ M

$[HA] = (0.040 - 0.0056)$ M $= 0.034$ M

$K_a = \frac{[H^+][A^-]}{[HA]} = \frac{(0.0056)^2}{0.034} = \mathbf{9.2 \times 10^{-4}}$

41. 다음 용액의 pH를 구하라.

a. 0.10 M NH_3 b. 0.050 M 피리딘(C_5H_5N).

풀이)

a. $NH_3(aq) + H_2O(l) \Leftrightarrow NH_4^+(aq) + OH^-(aq)$

	NH_3	NH_4^+	OH^-
초기(M):	0.10	0.00	0.00
변화 (M):	−x	+x	+x
평형 (M):	(0.10 – x)	x	x

$$K_b = \frac{[NH_4^+][OH^-]}{[NH_3]}$$

$$1.8 \times 10^{-5} = \frac{x^2}{(0.10 - x)}$$

$(0.10 - x) \approx 0.10$,

$$1.8 \times 10^{-5} = \frac{x^2}{0.10}$$

$x = 1.3 \times 10^{-3}\ M = [OH^-]$

$pOH = -\log(1.3 \times 10^{-3}) = 2.89$

$pH = 14.00 - 2.89 = 11.11$

b. pH = 8.96.

42. 물에 H_3PO_4 10.5 g을 녹여 3550 mL로 만든 용액의 pH와 pOH는 얼마인가?

풀이) pH =1.04, pOH = 12.9

43. A 용액의 pH = 4.5이고, B 용액의 pH = 6.7이다.

a. 산성이 더 강한 용액은 어느 용액인가?

b. 각 용액에서 $[H_3O^+]$는 얼마인가?

c. 각 용액에서 $[OH^-]$는 얼마인가?

풀이)

a. 용액 A

b. 용 액 A $[H_3O^+] = 3 \times 10^{-5}$ M

용액 B $[H_3O^+] = 2 \times 10^{-7}$ M

c. 용 액 A $[OH^-] = 3 \times 10^{-10}$ M

용액 B $[OH^-] = 5 \times 10^{-8}$ M

44. 위액 0.0250L에 들어 있는 HCl를 적정 하는 데 0.185 M $Sr(OH)_2$ 용액 16.3 mL가 사용되었다. HCl 용액의 몰농도는 얼마인가?

$$Sr(OH)_2 (aq) + 2HCl(aq) \rightarrow 2H_2O(l) + SrCl_2(aq)$$

풀이)

$Sr(OH)_2$ 용액 16.3 mL = 0.0163L= 0.185mol/L × 2 =HCl 0.00603mol

HCl의 몰농도 = 0.0603mol/0.0250L =0.241M

45. H_2SO_4 용액 시료 15.0 mL를 0.245 M NaOH 용액 24.0 mL로 적정하였다. H_2SO_4 용액의 몰농도는 얼마인가?

$$H_2SO_4 (aq) + 2NaOH(aq) \rightarrow 2H_2O(l) + Na_2SO_4 (aq)$$

풀이)

0.024L NaOH × 0.245mol/L × 1mol H_2SO_4/2mol NaOH =0.00294mol H_2SO_4 용액

몰농도(M) = 0.00294mol/0.0150L =0.196M H_2SO_4 용액

46. 0.10 M HNO_3의 pH를 계산하시오.
풀이)
HNO_3는 강산이므로 용액 속에는 H^+와 NO_3^-만 존재한다.
이 경우에 0.10 M HNO_3 → 0.10 M H^+ 및 0.10 M NO_3^-
그러므로
$[H^+]$ = 0.10 M 이고 pH = -log(0.10) = 1.00

47. 위산은 약 1.0 M HCl이다. 위산의 H_3O^+ 농도는 얼마인가? OH^- 농도는 얼마인가?
풀이)
$[H_3O^+]\ [OH^-] = 1.0 \times 10^{-14}$
$[OH^-] = 1.0 \times 10^{-14} / [H_3O^+]$
$= 1.0 \times 10^{-14}$ M

48. 1.000 M HCl 50.00 mL를 0.7450 M NaOH로 적정할 때, pH는 증가한다.
a. 당량점인 pH 7.00에 도달하는데 필요한 NaOH는 몇 mL인가?
b. NaOH의 부피를 당량점의 부피보다 0.02 mL 적게 가해주었을 때의 pH를 구하라
c. NaOH의 부피를 당량점의 부피보다 0.02 mL 더 많이 가해주었을 때의 pH를 구하라.
풀이)
a. HCl 몰수 = M × V = (1mol/L) × 0.05L = 0.05mol
NaOH 몰수 = 0.05mol
NaOH부피 = 0.05mol/(0.7450mol/L) = 0.06711L
b. OH^- 몰수 = (0.06709L) × (0.7450mol/L) = 0.04998mol

	H^+	OH^-
반응 전 몰수	0.05	0.04998
변화량	-0.04998	-0.04998
반응 후 몰수	2×10^{-5}	0
부피	50.0mL	67.09mL

$[H^+] = (2 \times 10^{-5}) / (0.05+0.06709)L = 2 \times 10^{-4}$ M
pH = $-\log(2 \times 10^{-4})$ =3.7
c. OH^- 몰수 = (0.6713L)0.7450mol/L) =0.05mol

	H^+	OH^-
반응 전 몰수	0.05	0.05001
변화량	-0.05	-0.05
반응 후 몰수	0	1×10^{-5}
부피	50.0mL	67.13mL

$[OH^-] = (1 \times 10^{-5}) / (0.05 + 0.06713L) = 9 \times 10^{-5}$ M,
$[H^+] = 1 \times 10^{-10}$ M
pH = $-\log(1 \times 10^{-10})$ =10

49. 1.000 *M* 아세트산(HC2H3O2) 50.00 mL를 0.8000 *M* NaOH로 적정 한다. 적정 중 다음 시점에서 용액의 pH를 구하라.

a 염기를 가하기 전

b 아세트산의 절반이 중화하였을 때

c 당량점에서

풀이)

a. $[H^+] = 1.8 \times 10^{-5} = x^2/1000\text{-}x = x^2/1000 \rightarrow 4.2 \times 10^{-5}$ M,

b. 절반이 중화 된 지점 에서 $[H^+] = K_a$, $[H^+] = 1.8 \times 10^{-5}$

pH = $-\log(1.8 \times 10^{-5}) = 4.74$

c. $HAc(aq) + OH^-(aq) \rightarrow Ac^-(aq) + H_2O$

필요한 NaOH부피= 0.05mol/0.800mol/L =0.0625L

49. 우리 혈액의 또 다른 완충계는 $H_2PO_4^-/HPO_4^{2-}$ 계이다. 산이 혈류에 들어와 pH가 낮아지는 것을 이 계가 어떻게 막는지 균형 맞춘 반응식을 쓰고 설명 하라.

풀이)

$HPO_4^{2-}(aq) + H_3O^+(aq) \rightleftarrows H_2PO_4^-(aq) + H_2O(l)$

이 완충계의 염기 화합물은 HPO_4^{2-}이고, 첨가된 산으로부터 과량의 H_3O^+와 반응 한다.

과량의 H_3O^+가 대부분 소모 되므로 pH는 상대적으로 일정 하게 유지되고, 대개 0.05pH단위 이하로 작게 떨어진다.

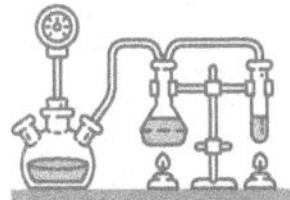

부록

1 온도에 따른 물의 밀도

온도 (°C)	밀도 (g/mL)	온도 (°C)	밀도 (g/mL)
0	0.99984	21	0.99800
1	0.99990	22	0.99777
2	0.99994	23	0.99754
3	0.99997	24	0.99730
4	0.99998	25	0.99705
5	0.99997	26	0.99679
6	0.99994	27	0.99652
7	0.99990	28	0.99624
8	0.99985	29	0.99575
9	0.99978	30	0.99565
10	0.99970	31	0.99534
11	0.99961	32	0.99503
12	0.99950	33	0.99471
13	0.99938	34	0.99437
14	0.99925	35	0.99403
15	0.99910	36	0.99369
16	0.99895	37	0.99333
17	0.99878	38	0.99297
18	0.99860	39	0.99260
19	0.99841	40	0.99222
20	0.99821	41	0.99183

2 온도에 따른 수증기압

온도 (°C)	수증기압 (mmHg)	온도 (°C)	수증기압 (mmHg)
	4.58	33	37.7
5	6.54	34	39.9
10	9.21	35	42.18
15	12.79	40	55.32
20	17.54	45	71.88
21	18.6	50	92.51
22	19.8	55	118.04
23	21.1	60	149.38
24	22.4	65	187.54
25	23.76	70	233.7
26	25.2	75	289.1
27	26.7	80	355.1
28	28.3	85	433.6
29	30.0	90	525.8
30	31.82	95	633.9
31	33.7	100	760.0
32	35.7		

3 표준 환원 전위

반쪽 반응	$E°$(V)
$F_2(g) + 2e^- \longrightarrow 2F^-(aq)$	+2.87
$O_3(g) + 2H^+(aq) + 2e^- \longrightarrow O_2(g) + H_2O$	+2.07
$Co^{3+}(aq) + e^- \longrightarrow Co^{2+}(aq)$	+1.82
$H_2O_2(aq) + 2H^+(aq) + 2e^- \longrightarrow 2H_2O$	+1.77
$PbO_2(s) + 4H^+(aq) + SO_4^{2-}(aq) + 2e^- \longrightarrow PbSO_4(s) + 2H_2O$	+1.70
$Ce^{4+}(aq) + e^- \longrightarrow Ce^{3+}(aq)$	+1.61
$MnO_4^-(aq) + 8H^+(aq) + 5e^- \longrightarrow Mn^{2+}(aq) + 4H_2O$	+1.51
$Au^{3+}(aq) + 3e^- \longrightarrow Au(s)$	+1.50
$Cl_2(g) + 2e^- \longrightarrow 2Cl^-(aq)$	+1.36
$Cr_2O_7^{2-}(aq) + 14H^+(aq) + 6e^- \longrightarrow 2Cr^{3+}(aq) + 7H_2O$	+1.33
$MnO_2(s) + 4H^+(aq) + 2e^- \longrightarrow Mn^{2+}(aq) + 2H_2O$	+1.23
$O_2(g) + 4H^+(aq) + 4e^- \longrightarrow 2H_2O$	+1.23
$Br_2(l) + 2e^- \longrightarrow 2Br^-(aq)$	+1.07
$NO_3^-(aq) + 4H^+(aq) + 3e^- \longrightarrow NO(g) + 2H_2O$	+0.96
$2Hg^{2+}(aq) + 2e^- \longrightarrow Hg_2^{2+}(aq)$	+0.92
$Hg_2^{2+}(aq) + 2e^- \longrightarrow 2Hg(l)$	+0.85
$Ag^+(aq) + e^- \longrightarrow Ag(s)$	+0.80
$Fe^{3+}(aq) + e^- \longrightarrow Fe^{2+}(aq)$	+0.77
$O_2(g) + 2H^+(aq) + 2e^- \longrightarrow H_2O_2(aq)$	+0.68
$MnO_4^-(aq) + 2H_2O + 3e^- \longrightarrow MnO_2(s) + 4OH^-(aq)$	+0.59
$I_2(s) + 2e^- \longrightarrow 2I^-(aq)$	+0.53
$O_2(g) + 2H_2O + 4e^- \longrightarrow 4OH^-(aq)$	+0.40
$Cu^{2+}(aq) + 2e^- \longrightarrow Cu(s)$	+0.34
$AgCl(s) + e^- \longrightarrow Ag(s) + Cl^-(aq)$	+0.22
$SO_4^{2-}(aq) + 4H^+(aq) + 2e^- \longrightarrow SO_2(g) + 2H_2O$	+0.20
$Cu^{2+}(aq) + e^- \longrightarrow Cu^+(aq)$	+0.15
$Sn^{4+}(aq) + 2e^- \longrightarrow Sn^{2+}(aq)$	+0.13
$2H^+(aq) + 2e^- \longrightarrow H_2(g)$	0.00
$Pb^{2+}(aq) + 2e^- \longrightarrow Pb(s)$	−0.13
$Sn^{2+}(aq) + 2e^- \longrightarrow Sn(s)$	−0.14
$Ni^{2+}(aq) + 2e^- \longrightarrow Ni(s)$	−0.25
$Co^{2+}(aq) + 2e^- \longrightarrow Co(s)$	−0.28
$PbSO_4(s) + 2e^- \longrightarrow Pb(s) + SO_4^{2-}(aq)$	−0.31
$Cd^{2+}(aq) + 2e^- \longrightarrow Cd(s)$	−0.40
$Fe^{2+}(aq) + 2e^- \longrightarrow Fe(s)$	−0.44
$Cr^{3+}(aq) + 3e^- \longrightarrow Cr(s)$	−0.74
$Zn^{2+}(aq) + 2e^- \longrightarrow Zn(s)$	−0.76
$2H_2O + 2e^- \longrightarrow H_2(g) + 2OH^-(aq)$	−0.83
$Mn^{2+}(aq) + 2e^- \longrightarrow Mn(s)$	−1.18
$Al^{3+}(aq) + 3e^- \longrightarrow Al(s)$	−1.66
$Be^{2+}(aq) + 2e^- \longrightarrow Be(s)$	−1.85
$Mg^{2+}(aq) + 2e^- \longrightarrow Mg(s)$	−2.37
$Na^+(aq) + e^- \longrightarrow Na(s)$	−2.71
$Ca^{2+}(aq) + 2e^- \longrightarrow Ca(s)$	−2.87
$Sr^{2+}(aq) + 2e^- \longrightarrow Sr(s)$	−2.89
$Ba^{2+}(aq) + 2e^- \longrightarrow Ba(s)$	−2.90
$K^+(aq) + e^- \longrightarrow K(s)$	−2.93
$Li^+(aq) + e^- \longrightarrow Li(s)$	−3.05

산화제의 세기 증가 (↑)

환원제의 세기 증가 (↓)

4 양이온과 음이온의 이름

양이온	음이온
구리(I) 이온 또는 제일구리 이온(Cu^+)	과망가니즈산 이온(MnO_4^-)
구리(II) 이온 또는 제이구리 이온(Cu^{2+})	과산화 이온(O_2^{2-})
소듐 이온(Na^+)	브로민화 이온(Br^-)
납(II) 이온 또는 제이납 이온(Pb^{2+})	사이안화 이온(CN^-)
리튬 이온(Li^+)	산화 이온(O^{2-})
마그네슘 이온(Mg^{2+})	수산화 이온(OH^-)
망가니즈(II) 이온 또는 제일망가니즈 이온(Mn^{2+})	수소화 이온(H^-)
바륨 이온(Ba^{2+})	싸이오사이안산 이온(SCN^-)
세슘 이온(Cs^+)	아이오딘화 이온(I^-)
수소 이온(H^+)	아질산 이온(NO_2^-)
수은(I) 이온 또는 제일수은 이온(Hg_2^{2+})	아황산 이온(SO_3^{2-})
수은(II) 이온 또는 제이수은 이온(Hg^{2+})	염소산 이온(ClO_3^-)
스트로튬 이온(Sr^{2+})	염화 이온(Cl^-)
아연 이온(Zn^{2+})	인산 수소 이온(HPO_4^{2-})
알루미늄 이온(Al^{3+})	인산 이온(PO_4^{3-})
암모늄 이온(NH_4^+)	인산 이수소 이온($H_2PO_4^-$)
은 이온(Ag^+)	중크로뮴산 이온($Cr_2O_7^{2-}$)
주석(II) 이온 또는 제일주석 이온(Sn^{2+})	질산 이온(NO_3^-)
철(II) 이온 또는 제일철 이온(Fe^{2+})	질화 이온(N^{3-})
철(III) 이온 또는 제이철 이온(Fe^{3+})	크로뮴산 이온(CrO_4^{2-})
카드뮴 이온(Cd^{2+})	탄산 수소 이온 또는 중탄산 이온(HCO_3^-)
포타슘 이온(K^+)	탄산 이온(CO_3^{2-})
칼슘 이온(Ca^{2+})	플루오린화 이온(F^-)
코발트(II) 이온 또는 제일코발트 이온(Co^{2+})	황산 이온(SO_4^{2-})
크로뮴(III) 이온 또는 제이크로뮴 이온(Cr^{3+})	황산 수소 이온(HSO_4^-)
루비듐 이온(Rb^+)	황화 이온(S^{2-})

5 비열

비열	물질(J/g • °C)
Al	0.900
Au	0.129
C(흑연)	0.720
C(다이아몬드)	0.502
Cu	0.385
Fe	0.444
Hg	0.139
H_2O	4.184
C_2H_5OH(에탄올)	2.46

6 일상생활에서의 물질의 pH

시료	pH 값
위산	1.0 ~ 2.0
레몬 주스	2.4
식초	3.0
자몽 주스	3.2
오렌지 주스	3.5
소변	4.8 ~ 7.5
대기 중에 노출된 물	5.5
타액	6.4 ~ 6.9
우유	6.5
순수한 물	7.0
혈액	7.35 ~ 7.45
눈물	7.4
마그네시아 우유	10.6
가정용 암모니아	11.5

7 산 이온화 상수

산 이름	화학식	구조	K_a	짝염기	K_b
플루오린화 수소산	HF	H—F	7.1×10^{-4}	F^-	1.4×10^{-11}
아질산	HNO_2	O=N—O—H	4.5×10^{-4}	NO_2^-	2.2×10^{-11}
아세틸살리실산 (아스피린)	$C_9H_8O_4$		3.0×10^{-4}	$C_9H_7O_4^-$	3.3×10^{-11}
폼산	HCOOH	H—C(=O)—O—H	1.7×10^{-4}	$HCOO^-$	5.9×10^{-11}
아스코브산	$C_6H_8O_6$		8.0×10^{-5}	$C_6H_7O_6^-$	1.3×10^{-10}
벤조산	C_6H_5COOH		6.5×10^{-5}	$C_6H_5COO^-$	1.5×10^{-10}
아세트산	CH_3COOH	CH_3—C(=O)—O—H	1.8×10^{-5}	CH_3COO^-	5.6×10^{-10}
사이안화수소산	HCN	H—C≡N	4.9×10^{-10}	CN^-	2.0×10^{-5}
페놀	C_6H_5OH		1.3×10^{-10}	$C_6H_5O^-$	7.7×10^{-5}

8 염기 이온화 상수

산 이름	화학식	구조	K_a	짝염기	K_b
플루오린화 수소산	HF	H—F	7.1×10^{-4}	F^-	1.4×10^{-11}
아질산	HNO_2	O═N—O—H	4.5×10^{-4}	NO_2^-	2.2×10^{-11}
아세틸살리실산 (아스피린)	$C_9H_8O_4$	C_6H_4(—C(═O)—O—H)(—O—C(═O)—CH_3)	3.0×10^{-4}	$C_9H_7O_4^-$	3.3×10^{-11}
폼산	HCOOH	H—C(═O)—O—H	1.7×10^{-4}	$HCOO^-$	5.9×10^{-11}
아스코브산	$C_6H_8O_6$	H—O—C═C—OH, C═O, O, H—C—CHOH—CH_2OH (고리)	8.0×10^{-5}	$C_6H_7O_6^-$	1.3×10^{-10}
벤조산	C_6H_5COOH	C_6H_5—C(═O)—O—H	6.5×10^{-5}	$C_6H_5COO^-$	1.5×10^{-10}
아세트산	CH_3COOH	CH_3—C(═O)—O—H	1.8×10^{-5}	CH_3COO^-	5.6×10^{-10}
사이안화수소산	HCN	H—C≡N	4.9×10^{-10}	CN^-	2.0×10^{-5}
페놀	C_6H_5OH	C_6H_5—O—H	1.3×10^{-10}	$C_6H_5O^-$	7.7×10^{-5}

9 산·염기 지시약

지시약	색		pH 범위
	산에서	염기에서	
티몰 블루	빨간색	노란색	1.2 ~ 2.8
브로모페놀 블루	노란색	청자색	3.0 ~ 4.6
메틸 오렌지	주황색	노란색	3.1 ~ 4.4
메틸 레드	빨간색	노란색	4.2 ~ 6.3
클로로페놀 블루	노란색	빨간색	4.8 ~ 6.4
브로모티몰 블루	노란색	파란색	6.0 ~ 7.6
크레졸 레드	노란색	빨간색	7.2 ~ 8.8
페놀프탈레인	무색	적자색	8.3 ~ 10.0

10 용해도곱 상수

화합물	K_{sp}	화합물	K_{sp}
브로민화 구리(I) ($CuBr$)	4.2×10^{-8}	탄산 스트론튬 ($SrCO_3$)	1.6×10^{-9}
브로민화 은 ($AgBr$)	7.7×10^{-13}	탄산 은 (Ag_2CO_3)	8.1×10^{-12}
수산화 구리(II)[$Cu(OH)_2$]	2.2×10^{-20}	탄산 칼슘 ($CaCO_3$)	8.7×10^{-9}
수산화 마그네슘 [$Mg(OH)_2$]	1.2×10^{-11}	플루오린화 납(II) (PbF_2)	4.1×10^{-8}
수산화 아연 [$Zn(OH)_2$]	1.8×10^{-14}	플루오린화 바륨 (BaF_2)	1.7×10^{-6}
수산화 알루미늄 [$Al(OH)_3$]	1.8×10^{-33}	플루오린화 칼슘(CaF_2)	4.0×10^{-11}
수산화 철(II) [$Fe(OH)_2$]	1.6×10^{-14}	황산 바륨 ($BaSO_4$)	1.1×10^{-10}
수산화 철(III) [$Fe(OH)_3$]	1.1×10^{-36}	황산 스트론튬 ($SrSO_4$)	3.8×10^{-7}
수산화 칼슘 [$Ca(OH)_2$]	8.0×10^{-6}	황산 은 (Ag_2SO_4)	1.4×10^{-5}
수산화 크로뮴(III) [$Cr(OH)_3$]	3.0×10^{-29}	황화 구리(II) (CuS)	6.0×10^{-37}
염화 납(II) ($PbCl_2$)	2.4×10^{-4}	황화 납(II) (PbS)	3.4×10^{-28}
염화 수은(I) (Hg_2Cl_2)	3.5×10^{-18}	황화 니켈(II) (NiS)	1.4×10^{-24}
염화 은 ($AgCl$)	1.6×10^{-10}	황화 망가니즈(II) (MnS)	3.0×10^{-14}
아이오딘화 구리(I) (CuI)	5.1×10^{-12}	황화 비스무트 (Bi_2S_3)	1.6×10^{-72}
아이오딘화 납(II) (PbI_2)	1.4×10^{-8}	황화 수은(II) (HgS)	4.0×10^{-54}
아이오딘화 은 (AgI)	8.3×10^{-17}	황화 아연 (ZnS)	3.0×10^{-23}
인산 칼슘 [$Ca_3(PO_4)_2$]	1.2×10^{-26}	황화 은 (Ag_2S)	6.0×10^{-51}
크로뮴산 납(II) ($PbCrO_2$)	2.0×10^{-14}	황화 주석(II) (SnS)	1.0×10^{-26}
탄산 납(II) ($PbCO_3$)	3.3×10^{-14}	황화 철(II) (FeS)	6.0×10^{-19}
탄산 마그네슘 ($MgCO_3$)	4.0×10^{-5}	황화 카드뮴 (CdS)	8.0×10^{-28}
탄산 바륨 ($BaCO_3$)	8.1×10^{-9}	황화 코발트(II) (CoS)	4.0×10^{-21}

11 착물 형성 상수

착이온	평형식	형성 상수 (K_f)
$Ag(NH_3)_2^+$	$Ag^+ + 2NH_3 \rightleftharpoons Ag(NH_3)_2^+$	1.5×10^7
$Ag(CN)_2^-$	$Ag^+ + 2CN^- \rightleftharpoons Ag(CN)_2^-$	1.0×10^{21}
$Cu(CN)_4^{2-}$	$Cu^{2+} + 4CN^- \rightleftharpoons Cu(CN)_4^{2-}$	1.0×10^{25}
$Cu(NH_3)_4^{2+}$	$Cu^{2+} + 4NH_3 \rightleftharpoons Cu(NH_3)_4^{2+}$	5.0×10^{13}
$Cd(CN)_4^{2-}$	$Cd^{2+} + 4CN^- \rightleftharpoons Cd(CN)_4^{2-}$	7.1×10^{16}
CdI_4^{2-}	$Cd^{2+} + 4I^- \rightleftharpoons CdI_4^{2-}$	2.0×10^6
$HgCl_4^{2-}$	$Hg^{2+} + 4Cl^- \rightleftharpoons HgCl_4^{2-}$	1.7×10^{16}
HgI_4^{2-}	$Hg^{2+} + 4I^- \rightleftharpoons HgI_4^{2-}$	2.0×10^{30}
$Hg(CN)_4^{2-}$	$Hg^{2+} + 4CN^- \rightleftharpoons Hg(CN)_4^{2-}$	2.5×10^{41}
$Co(NH_3)_6^{3+}$	$Co^{3+} + 6NH_3 \rightleftharpoons Co(NH_3)_6^{3+}$	5.0×10^{31}
$Zn(NH_3)_4^{2+}$	$Zn^{2+} + 4NH_3 \rightleftharpoons Zn(NH_3)_4^{2+}$	2.9×10^9

지은이 소개

임수아

서울대학교 학사
Sydney Univ. 석사
Queensland Univ. 박사
(현) 호서 대학교 생명 보건 대학 제약 공학과 교수

대학화학 문제풀이집 상

2022년 8월 29일 1판 1쇄 발행

지은이 임 수 아
발행인 박 종 성
발행처 사이플러스 Science plus
우 07202 / 서울특별시 영등포구 양평로 30길 14
세종앤까뮤스퀘어 1106호
전화 02_332_6171 / 팩스 02_332_6185
등록 2005.10.20. 제2022-000100호

ISBN 979-11-88731-33-6 93430 값 20,000원

STUDENT Problem Solution Manual (1st)